67

MICROSCOPI Scienza, Tecnologia, Società

Collana diretta da Massimo Temporelli

Che cosa fa la scienza? Che limiti ha la tecnologia? Come stanno cambiando la società e il nostro mondo...? La collana Microscopi prova a rispondere a queste e altre domande in modo brillante e non accademico.

Un taglio agile e disincantato, un linguaggio alla portata di tutti, autori giovani e vicini al mondo della ricerca: ecco i tratti salienti di una collana per informarsi in modo veloce ed efficace sui principali argomenti della scienza e della tecnologia. Quelli che stanno sempre di più cambiando la nostra vita.

I titoli della collana Microscopi si articolano in diversi filoni legati ai temi della divulgazione scientifica, delle frontiere tecnologiche e delle sue applicazioni, delle biografie di scienziati, inventori e movimenti, delle idee e delle scoperte che hanno segnato la storia dell'umanità.

Giorgio Chinnici

Il sogno di Democrito

L'atomo dall'antichità alla meccanica quantistica

EDITORE ULRICO HOEPLI MILANO

via Hoepli 5, 20121 Milano (Italy)
tel. +39 02 864871 – fax +39 02 8052886
e-mail hoepli@hoepli.it

www.hoeplieditore.it

ISBN 978-88-203-9795-1

Ristampa:

1 2024

Progetto editoriale e realizzazione: Maurizio Vedovati – Servizi editoriali
(info@iltrio.it)
Copertina: Sara Taglialegne

Stampa: Legodigit S.r.l., Lavis (TN)

Printed in Italy

Indice

Introduzione

> Se in un cataclisma andasse distrutta tutta la conoscenza scientifica e soltanto una frase potesse essere trasmessa alla successiva generazione di creature, quale affermazione conterrebbe la massima quantità di informazioni nel numero minimo di parole? Io credo che sia l'ipotesi atomica (o dato di fatto atomico, o comunque vogliamo chiamarlo) secondo cui tutte le cose sono fatte di atomi – piccole particelle che si agitano in un moto perenne, attraendosi quando sono un po' distanti una dall'altra, ma respingendosi quando sono schiacciate una contro l'altra. In questa singola frase, vedete, c'è un'enorme quantità di informazione sul mondo, se si applica soltanto un po' di immaginazione e di riflessione.
>
> Richard Feynman, *Lezioni di fisica* (1964)

Questo libro parla di un'idea. Una sublime idea che attraversa da millenni la storia culturale dell'umanità: quella di scoprire di che cosa è fatto il mondo che ci circonda.

Le possibili risposte a questa spontanea domanda si dipanano lungo due linee di pensiero, del tutto indipendenti dal punto di vista concettuale e logico benché finiscano poi per convergere: una conduce all'idea di elemento e l'altra all'idea di atomo. Si tratta in entrambi i casi del tentativo di riconoscere alla base della complessità del mondo una struttura dotata di semplicità e razionalità.

La prima riflessione origina infatti dall'osservazione che il mondo che ci circonda appare estremamente differenziato. La materia si presenta sotto forma di innumerevoli sostanze con proprietà e caratteristiche anche molto diverse tra di loro. Allora è naturale chiedersi se questa grande varietà non sia semplicemente una manifestazione di poche sostanze fondamentali che con Platone possiamo chiamare elementi (in greco antico στοιχεῖον, *stoicheion*, "elemento"; al plurale στοιχεία, *stoicheia*, "elementi") e che, combinandosi tra loro in varia proporzione, vadano a costruire tutte le diverse forme della materia percepite dalla nostra esperienza sensibile.

La seconda riflessione consiste nel chiedersi che cosa succederebbe se continuassimo a suddividere la materia in parti sempre più piccole; un oggetto solido come un pezzo di terracotta, per esempio, oppure un liquido come l'acqua o un gas come l'aria. Il tutto, sia esso l'intero universo o una sua parte, ha a sua volta delle parti. Fino a quando? Le possibilità evidentemente sono due: questo processo di suddivisione può idealmente andare avanti all'infinito, ossia la materia è continua; oppure, la materia ha una struttura discreta e prima o poi si arriva a dei componenti elementari non più divisibili che con Democrito possiamo chiamare atomi (dal greco antico ἄτομος, *átomos*, "indivisibile").

Oltre alla composizione del mondo bisogna poi anche prendere in esame la sua dinamica e interpretarla. Il mondo infatti è in divenire, evolve e si trasforma; il movimento degli oggetti e la sua variazione è una delle più semplici manifestazioni di questo divenire. Le parti che compongono il mondo interagiscono tra di loro influenzandosi a vicenda. Una possibile maniera di figurarsi queste interazioni è mediante il concetto intuitivo e quotidiano di forza. Anche qui l'idea è di ricondurre la diversità di forze osservata a pochi tipi di interazione, un processo che si chiama unificazione.

La scienza moderna ha compiuto passi da gigante nella lunga ricerca dei costituenti elementari della materia e delle loro interazioni fondamentali. Tutti apprendiamo che gli atomi si legano a formare le molecole delle sostanze; che un atomo non è indivisibile ma composto a sua volta da elettroni dotati di carica elettrica negativa e da un nucleo positivo; che, a sua volta, il nucleo è composto da protoni con carica positiva e da neutroni privi di carica elettrica. Atomo, elettrone, nucleo sono termini oggi talmente consolidati da fare ormai parte del linguaggio comune come di quello metaforico. Ciononostante, anzi proprio per tale ragione, il significato concettuale di tutto questo e la disamina del complesso rapporto tra la parte e il tutto non cessano di suscitare grande fascino e curiosità intellettuale, nei riguardi sia degli aspetti scientifici sia di quelli filosofici.

L'atomo, sebbene abbia delle parti componenti, fa tuttavia fede al suo nome, nel senso che rimane la più piccola unità degli elementi chimici, un centinaio in tutto, i quali compongono ogni sostanza esistente. La maniera in cui è fatto il mondo dipende dalla struttura interna di questi atomi elementari, così come ne dipende tutta la nostra tecnologia.

Questo libro vuole allora raccontare questa grande avventura dell'intelletto umano, l'avventura dell'atomo.

Piuttosto che dipanarsi in maniera strettamente lineare, il libro intreccia molteplici temi e fili conduttori; non mira a sistematicità e completezza, ma cerca di presentare gli argomenti in maniera chiara mantenendoli a un livello descrittivo accessibile.

A partire dall'alba del pensiero umano l'interrogarsi sull'essenza del mondo è stato il motore del progresso, intellettuale e materiale. Le riflessioni dei filosofi antichi hanno spianato la strada all'avvento della scienza e alla sua evoluzione, fino a che il viaggio alla ricerca dell'atomo ha condotto a quella grande rivoluzione concettuale ed epocale cambiamento di paradigma che è la meccanica quantistica. Con la conseguente rimessa in discussione delle categorie su cui si era basata la disamina del mondo.

Vuoto e materia, continuo e discreto, parte e tutto, onda e particella, caso e necessità, realtà e località. Il libro vuole offrire uno spunto su come il percorso compiuto dalla scienza sia intessuto di questi e altri profondi temi filosofici, temi di cui la scienza si nutre e a cui conferisce una luce nuova. Nella convinzione che se la filosofia non può prescindere dai risultati della scienza, la scienza non può fare a meno della riflessione filosofica per non perdere di vista il significato della propria indagine.

Ringraziamenti

Un grazie di cuore va all'amico professore Gianluca Introzzi dell'Università di Pavia. Con l'accuratezza e la grande competenza che lo contraddistinguono, Gianluca ha rivisto la bozza di questo libro e ne ha discusso con me alcuni argomenti, sempre infondendomi incoraggiamento e fornendomi illuminanti spunti di riflessione.

1

Gli albori dell'atomismo

Gli elementi classici

Nel mondo antico, sia nelle culture occidentali sia in quelle orientali, si pensava che le sostanze elementari che compongono il mondo fossero in numero molto limitato. Ciascuna di loro poteva incarnare un principio cosmico ed essere personificata in una corrispondente divinità.

Per Empedocle (c. 495-435 a.C.), Platone (c. 428-348 a.C.) e Aristotele (384-322 a.C.), ma anche per le dottrine indiane, gli elementi erano quattro: fuoco, aria, acqua e terra. I quattro elementi classici, ripresi in vario modo dalla filosofia medievale e rinascimentale nonché dalla tradizione esoterica e alchemica, hanno pervaso tutta la cultura occidentale perpetuando fino ai nostri giorni il loro suggestivo potere simbolico, come testimoniano la pittura e la letteratura.

Anche le qualità attribuibili alla materia venivano ricondotte a poche varianti. Aristotele reputava che qualunque sostanza avesse almeno una tra quattro qualità sensibili primarie, a due a due opposte: caldo, freddo, secco e umido, ovvero una loro combinazione. Ciascun elemento fondamentale possiede due delle qualità primarie, che pertanto lo caratterizzano e anzi lo identificano. Il fuoco è caldo e secco, l'aria è calda e umida, l'acqua è fredda e umida, la terra è fredda e secca. Così come ogni sostanza è riconducibile a una combinazione dei quattro elementi, per il filosofo nato a Stagira (penisola Calcidica) ogni qualità sensibile che percepiamo in una sostanza è riconducibile a una combinazione delle quattro qualità primarie; perciò qualità come il colore o il sapore sono da considerare secondarie, derivate dalle primarie.

Figura 1.1 Artus Wolffort (1581-1641), *I quattro elementi*.

Il suo maestro Platone parlava invece di diverse "specie" dei quattro elementi. Nel *Timeo* (360 a.C.) Platone associa a ciascun elemento uno dei solidi regolari, tutti ottenibili mediante composizione di triangoli: il tetraedro al fuoco, il cubo alla terra, l'ottaedro all'aria e l'icosaedro all'acqua. A proposito dell'aria, nel *Timeo* si legge:

> Allo stesso modo per quanto riguarda l'aria, la parte più luminosa viene chiamata etere, la parte più torbida viene detta nebbia e tenebra, e vi sono altre specie che non hanno nome, generate per la disuguaglianza dei triangoli.

La parola αἰθήρ (*aithēr, aether* per i latini ed *etere* in italiano), che vuol dire "cielo limpido" o "aria pura", sarà destinata ad avere particolare fortuna nei secoli successivi. Etere era una delle divinità primordiali della mitologia greca; secondo la *Teogonia* di Esiodo (attivo tra il 750 e il 650 a.C.), era figlio di Erebos (l'Oscurità) e Nyx (la Notte) e fratello di Hemera (il Giorno). Etere personificava l'aria posta in alto e respirata dagli dèi, che quindi non era l'aria normale respirata dai mortali più in basso, chiamata *aer* o Chaos; ancora più in basso, sottoterra, c'era poi un terzo tipo di aria, Erebos, che riempiva il reame dei morti.

Aristotele a sua volta traccia una netta distinzione tra il mondo sublunare, ossia terrestre, e quello celeste, per lui retti da leggi completamente diverse. Le cose terrene sono imperfette e soggette a generazione, mutazione e corruzione: un processo lineare con un inizio e una fine. Non possono dunque essere fatte delle stesse sostanze di quelle del cielo che sono perfette in quanto eterne, immutabili e incorruttibili, sottoposte solo a processi circolari in cui il punto finale coincide con quello iniziale, un "eterno ritorno" di cicli sempre uguali a se stessi.

Pertanto Aristotele aggiunge esplicitamente un quinto elemento, che i commentatori successivi hanno chiamato etere o quintessenza e che poi fu immaginato come "forza vitale" dei corpi dagli alchimisti. L'etere non ha alcuna delle qualità degli altri quattro, non è né caldo né freddo, né secco né umido; è l'elemento perfetto di cui sono fatti il cielo e i corpi celesti, trasparente, senza peso e che si muove perfettamente in maniera circolare. Al contrario, fuoco, aria, acqua e terra si muovono linearmente e, pur se i loro "luoghi naturali" sono stratificati in quest'ordine dall'alto al basso, rimangono confinati in ambito terrestre. Osserviamo che pure nella cosmologia tradizionale indiana ai quattro elementi classici viene aggiunto un quinto, chiamato con la parola sanscrita *ākāśa* ("cielo" o "atmosfera") e che si può identificare con l'etere.

Incontriamo qui un altro tema a lungo dibattuto, quello del vuoto. L'etere aristotelico riempie completamente le regioni celesti, mentre i quattro elementi riempiono il corruttibile mondo terrestre; Aristotele rigetta infatti l'esistenza del vuoto. Una posizione che risale a

Parmenide (c. 515-420 a.C.), fondatore della scuola eleatica, il quale del resto negando il vuoto rifiutava anche la pluralità degli oggetti del mondo e il cambiamento, in particolare il moto. Negli scritti del suo discepolo Zenone (c. 495-430 a.C.) troviamo esposte le tesi del maestro per mezzo di celebri argomenti o "paradossi", come quello della freccia ferma e quello della corsa di Achille e della tartaruga. Secondo Parmenide e Zenone non si può affermare che qualcosa non è; di conseguenza, intanto non può esistere il vuoto, che sarebbe un nulla o non-essere. Nonostante le apparenze sensoriali, che ci ingannano, questo comporta inoltre che non ci può essere alcuna differenziazione e alcun divenire: la realtà è qualcosa di unico, uniforme, eterno e immutabile, un tutto senza parti e senza trasformazioni. Affinché ci sia moto, ragionavano gli eleatici, deve esistere il vuoto; poiché il vuoto non può esistere, ergo il moto non esiste.

Democrito (c. 460-370 a.C.), nato ad Abdera in Tracia (non lontana da Stagira) e più o meno contemporaneo di Socrate (c. 469-399 a.C.), reagisce ribaltando completamente il ragionamento: il moto è un fenomeno reale e osservabile, di conseguenza il vuoto esiste.

L'atomo di Democrito

Per Aristotele le sostanze che tutto riempiono sono continue, non esistono entità finite irriducibili. La posizione di Democrito è invece diametralmente opposta. Insieme al suo maestro Leucippo (V secolo a.C.), Democrito è considerato infatti il padre dell'atomismo: la sua tesi era che il mondo è fatto esclusivamente di atomi e di vuoto. Una posizione che, come osservato da Bertrand Russell (1872-1970), non può non sorprenderci per la sua vicinanza all'attuale conoscenza scientifica, naturalmente come idea generale.

A Democrito vengono attribuite settanta opere, di cui sopravvivono solo dei frammenti; per il resto conosciamo la sua filosofia attraverso resoconti di altri autori. Tra questi annoveriamo lo stesso Aristotele, che ne contestava le tesi ma ne apprezzava l'intelletto e che scrisse una monografia su di lui, a sua volta giunta a noi solo in frammenti citati in altre fonti.

Figura 1.2 Democrito nella raffigurazione di Dosso Dossi (1540).

Gli atomi di Democrito sono in numero infinito e con infinite forme, di varia estensione fisica ma con una dimensione minima sotto la quale non si va. Questo va contrapposto a quanto avviene in matematica per la retta geometrica, la quale è divisibile *ad infinitum* ed è composta di punti privi di estensione. Il vuoto infinito è il luogo in cui questi atomi si muovono continuamente. Grazie alla loro forma irregolare e alla presenza di una sorta di "ganci", gli atomi si uniscono per formare gli oggetti composti, siano essi fuoco, acqua o esseri viventi, e si separano per disfarli. La funzione del vuoto è di separare i corpi tra di loro.

Per Democrito gli atomi, indivisibili, inalterabili ed eterni, non contengono spazio vuoto; benché estesi, sono al loro interno in qualche modo uniformemente "compatti", potremmo dire. I corpi composti hanno invece del vuoto al loro interno in varia misura e questo spiega perché un oggetto più piccolo può avere densità maggiore e quindi pesare di più di uno più grande.

Forma e grandezza sono le uniche qualità ascrivibili agli atomi. Aristotele nella sua descrizione della dottrina atomistica democritea utilizza un'analogia con le lettere (omettendo a tal fine le differenze di grandezza). Un atomo si distingue da un altro per la forma, come la lettera A dalla lettera N, in cui va considerata anche l'orientazione, che distingue la lettera N dalla lettera Z; nei corpi composti ha importanza l'ordine degli atomi, dunque AN è diverso da NA. Così come avviene con le lettere dell'alfabeto, mettendo insieme i vari tipi di atomo è possibile ottenere innumerevoli combinazioni diverse. Da notare che in greco per "lettera" si usa la stessa parola che per "elemento", *stoicheion*.

Causalità e finalismo, caso e necessità

Nella visione degli antichi, come pure nella scienza moderna, gioca un ruolo centrale il concetto di causalità. Per Aristotele spiegare qualcosa significa conoscerne la causa; il filosofo di Stagira si distingue però perché propone quattro differenti tipi di causa: materiale, formale, efficiente e finale, le quali possono concorrere alla spiegazione di un qualunque fatto. In pratica, ci sono quattro possibili fattori esplicativi di una trasformazione fisica. I primi due sono semplicemente la materia coinvolta (causa materiale) e la forma che questa materia va ad assumere (causa formale). La causa efficiente si può invece assimilare a ciò che modernamente intendiamo con causa *tout court*, la forza che tira un carro e lo fa muovere, per esempio. La peculiarità di Aristotele consiste nel considerare come una causa, quella finale appunto, anche il "fine" (τέλος, *télos*), a cui anzi in qualche modo assegna un ruolo prioritario; il ruolo della forma del resto è di dare finalità e organizzazione alla materia.

Quella aristotelica è dunque una visione teleologica, ossia finalistica, della natura: la materia si muove e interagisce in maniera tale da mirare a un fine prestabilito. Da un punto di vista moderno e da sostenitori della realtà del libero arbitrio siamo certamente d'accordo sul fatto che un agente intenzionale qual è l'essere umano operi in vista di un fine, come quando per esempio scolpisce una statua. Inoltre, può essere compreso come Aristotele abbia dovuto ricorrere al finalismo per cercare di spiegare fenomeni come la generazione degli esseri viventi.

Aristotele però estende il suo modello finalistico a tutti i processi naturali di cui si occupa la fisica. Nella sua visione, una pietra viene lanciata in maniera violenta in alto grazie alla causa efficiente data dall'azione di una fionda, ma non ricade poi verso terra per causa di una forza che agisce su di essa (causa efficiente), bensì in maniera naturale per perseguire un fine: quello di ricongiungersi con il suo "luogo naturale" ripristinando così un equilibrio che è stato alterato (causa finale). La differenza concettuale è enorme. L'eliminazione del finalismo (e di cause non fisiche) dallo studio dei fenomeni è tra i punti cruciali che hanno caratterizzato l'avvento della scienza moderna.

A titolo di esempio, oggi sappiamo che la luce nel passare da un mezzo a un altro con caratteristiche fisiche diverse, come da acqua ad aria, segue la traiettoria che minimizza il tempo di percorrenza, che è una linea spezzata (fenomeno della rifrazione). Ma la luce non si muove secondo una finalità, non "sa" in anticipo quali sono i possibili percorsi così da poter scegliere quello più veloce. L'effetto globale, pur potendosi descrivere in un linguaggio all'apparenza teleologico, è piuttosto il risultato di eventi locali come nella cascata delle tessere di un domino. Le grandezze globali, come il tempo di percorrenza, hanno senso e si possono calcolare solo considerando come data l'intera evoluzione del fenomeno.

Le tessere del domino non eseguono la loro danza perché perseguono il fine di ottenere la caduta dell'ultima tessera. Piuttosto, ciascuna tessera cadendo semplicemente agisce in maniera causale su quella immediatamente adiacente e a contatto, con l'effetto di farla cadere. Inoltre non si prende in considerazione alcuna "magia" esterna che stabilisce quale dev'essere l'effetto finale globale, nessuna forza vitale non meglio identificata, ma solo delle leggi naturali, le quali sono sempre intrinsecamente di carattere locale.

Anche in questo Democrito appare più vicino alle concezioni moderne, dato che esclude appunto l'interpretazione finalistica come pure ogni intervento soprannaturale esterno alla materia, dando così inizio all'interpretazione dei fenomeni empirici in termini razionali e puramente fisici. La tesi di Democrito è che il mondo materiale ha una spiegazione in se stesso; ogni fenomeno o proprietà macroscopica è semplicemente dovuta agli atomi, al loro movimento e alla maniera in cui interagiscono, cioè si urtano e poi rimbalzano oppure si combinano tra di loro. La ricombinazione degli atomi è la causa (efficiente) necessaria del cambiamento; modernamente parleremmo di una visione deterministica causale.

Aristotele osserva però che se è vero che i singoli urti tra gli atomi hanno una conseguenza fissata da una relazione causa-effetto, tuttavia il moto in sé non ha un inizio e la sua stessa esistenza non viene spiegata in alcun modo. Non si capisce come l'insieme di tutti gli urti possa trasformare un uovo in una gallina: per Aristotele non si può produrre un effetto globale in assenza di un fine prestabilito intrinseco al sistema. Perciò Democrito fu accusato di negare i principi primi che reggono l'evoluzione del mondo, cioè quelli teleologici, lasciandolo così in totale balia del caso.

Nell'ottica aristotelica è proprio il finalismo che implica la necessità, che stabilisce quel *lógos* o ordine razionale del mondo che è ciò che permette di comprenderlo. Tuttavia, anche Aristotele deve introdurre dei meccanismi che permettano di deviare da leggi altrimenti rigidamente necessarie. Diversamente non potrebbe spiegare l'evidente variabilità osservata in molti fenomeni macroscopici. Il finalismo aristotelico non è pervaso da necessità totale: la pietra che vorrebbe ricongiungersi con la terra non può farlo se si frappone un ostacolo, i denti nascono perché il fine è di avere in bocca un indispensabile strumento, ma qualche dente può non nascere o anche cadere, per via di fattori accidentali. Aristotele sostiene tuttavia che la presenza del caso non infici il finalismo: gli eventi accidentali sono dovuti a errori che la natura nel suo procedere finalistico compie, non essendo infallibile. Poiché questi errori si producono con frequenza limitata, rimane però valido il principio della regolarità della natura.

L'apparente finalismo dei fenomeni biologici viene chiamato teleonomia da Jacques Monod (1910-1976) nella sua opera *Il caso e la necessità* (1970), in cui il vincitore del premio Nobel per la medicina e la fisiologia del 1965 illustra come la nascita e l'evoluzione della vita siano dovute a un interallacciarsi tra fattori casuali e leggi necessarie della natura. Il titolo del saggio richiama una frase attribuita a Democrito:

> Tutto ciò che esiste è frutto del caso e della necessità.

Nel pensiero di Democrito caso e necessità appaiono infatti coesistere, entrambi intesi come assenza di finalismo. I pensatori atomisti successivi, Epicuro (341-270 a.C.), che aggiunse esplicitamente il peso alle proprietà degli atomi, e il suo seguace Tito Lucrezio Caro (99-55 a.C.), ripresero e rafforzarono l'idea di questa coesistenza. Nel *De rerum natura* ("La natura delle cose") Lucrezio dice che gli atomi, essendo dotati di peso, cadono verticalmente in linea retta; possono tuttavia essere sottoposti a una minima deviazione casuale che chiama *clinàmen* (παρέγκλισις, *parénklisis* in Epicuro) ossia "inclinazione".

Un effetto che si verifica senza alcuna causa e in un istante di tempo e un punto dello spazio del tutto casuali. Un indeterminismo nel moto degli atomi che per certi versi ricorda quello della moderna meccanica quantistica e che per Lucrezio è necessario per due ragioni. Da una parte, senza *clinàmen* gli atomi si muoverebbero verticalmente in parallelo senza mai collidere tra di loro. Dall'altra parte, se il moto degli atomi fosse solo deterministico non si potrebbe spiegare il fatto che gli esseri viventi hanno libero arbitrio:

> Infine, se ogni moto è legato sempre ad altri e quello nuovo sorge dal moto precedente in ordine certo, se i germi primordiali con l'inclinarsi non determinano un qualche inizio di movimento che infranga le leggi del fato così che da tempo infinito causa non susségua a causa, donde ha origine sulla terra per i viventi questo libero arbitrio, donde proviene, io dico, codesta volontà indipendente dai fati, in virtù della quale procediamo dove il piacere ci guida e deviamo il nostro percorso non in un momento esatto, né in un punto preciso dello spazio, ma quando lo decide la mente? Infatti senza alcun dubbio a ciascuno un proprio volere suggerisce l'inizio di questi moti che da esso si irradiano nelle membra.

Sebbene deliberatamente ignorato da Platone, Democrito, il "filosofo ridente", fu tenuto in gran conto nell'antichità. Venne però poi espressamente osteggiato fino al Rinascimento, segnatamente dalla filosofia scolastica, ossia la filosofia cristiana medievale, che attingeva al pensiero di Socrate, di Platone, del neoplatonismo di Plotino (204-270 d.C.) e soprattutto di Aristotele. Dal XII secolo almeno fino al XVII la scolastica costituì l'insegnamento dominante nelle università e nei centri di cultura europei. Le dottrine di Democrito (e ancora meno quelle di Epicuro e di Lucrezio) non ebbero dunque particolare fortuna nel Medioevo, essendo in contrapposizione con l'imperante tradizione aristotelica e soprattutto ritenute in contrasto con le Sacre Scritture.

Dante Alighieri (1265-1321), nella *Commedia*, definisce Aristotele *'l maestro di color che sanno* e nota che *tutti lo miran, tutti onor li fanno*, mentre di Democrito riferisce soltanto, in maniera dispregiativa, *che 'l mondo a caso pone*. Il Sommo Poeta comunque riconosce la statura intellettuale di Democrito, tant'è che lo mette nel Limbo (a differenza di Epicuro che si trova nell'Inferno) insieme ai grandi pensatori dell'antichità, tra cui Socrate, Platone e lo stesso Aristotele.

L'atomismo fu ignorato e praticamente dimenticato per secoli, pur rimanendo accessibile proprio attraverso le opere di Aristotele grazie alla sua dissertazione critica delle tesi di Democrito. Solo nel XVII secolo dei pensatori tornarono a prenderlo in considerazione, in un mutato clima culturale.

2
La nascita della scienza

Galilei

Il Seicento vide grandi pensatori uscire dal rigido ambito della filosofia scolastica e dare inizio a nuovi modi di fare filosofia, a cominciare da Francis Bacon (Bacone, 1561-1626), che sostenne il metodo induttivo fondato sull'esperienza, e da René Descartes (Cartesio, 1596-1650), che pose la ragione come fondamento della filosofia. Ma ciò che più di tutto segna questo secolo è la rivoluzione scientifica, che ha dato origine alla scienza moderna.

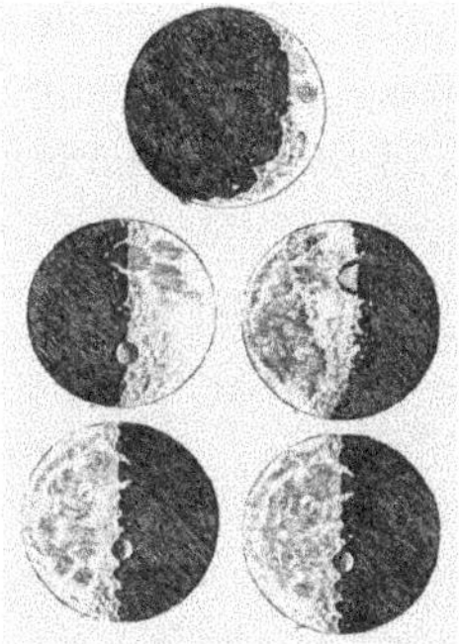

Figura 2.1 I disegni di Galilei della Luna nel *Sidereus Nuncius*.

Il 13 marzo 1610 esce a Venezia un piccolo libro stampato in soli 550 esemplari, ma dall'effetto dirompente: il *Sidereus Nuncius* di Galileo Galilei (1564-1642). In quest'opera Galilei annuncia al mondo le straordinarie scoperte fatte scrutando il cielo con un nuovo strumento, il cannocchiale, che poi il Principe Federico Cesi (1585-1630), fondatore dell'Accademia dei Lincei, denominerà telescopio.

La Luna non ha una superficie perfetta ma come la Terra presenta montagne e avvallamenti, la Via Lattea è semplicemente un ammasso di stelle e non è solo la Terra ad avere un satellite, poiché Galilei ne vede quattro ruotare attorno a Giove.

La concezione astronomica aristotelico-tolemaica era già stata messa in discussione con la pubblicazione nel 1543 del *De revolutionibus orbium coelestium* di Niklas Koppernigk (Copernico, 1473-1543). Il sistema copernicano, a cui Galilei aderiva, poneva infatti al centro del cosmo il Sole anziché la Terra. Non c'era però in realtà nulla che potesse far preferire la nuova concezione rispetto alla vecchia, se non una pretesa maggiore semplicità. Il nuovo sistema fu persino insegnato in alcune università, ma, almeno inizialmente, venne considerato da molti alla stregua di una semplice e comoda ipotesi di lavoro, un puro strumento di calcolo che al pari del vecchio rendeva conto dei fenomeni, ma senza corrispondere davvero alla realtà.

Le scoperte di Galilei invece rendono la visione aristotelica decisamente insostenibile, tanto più che a quelle descritte nel *Sidereus Nuncius* seguono poi l'osservazione delle fasi di Venere, delle macchie solari che compaiono e scompaiono e della strana forma di Saturno (che si rivelerà poi essere dovuta agli anelli).

Per la prima volta Galilei poté osservare che il pianeta Venere è sottoposto a un ciclo completo di fasi, simili a quelle della Luna: nuova, primo quarto, piena, ultimo quarto. Questo sarebbe impossibile se, come previsto dal sistema geocentrico tolemaico, l'orbita di Venere si trovasse sempre tra il Sole e la Terra. Per vedere dalla prospettiva della Terra il pianeta completamente illuminato, questo si deve trovare dall'altra parte del Sole e quindi deve ruotarci intorno. Una prova schiacciante a favore della tesi copernicana che tutti i pianeti, compresa la Terra, ruotino attorno al Sole.

Quello che ancora manca a Galilei a questo punto è giustificare il fatto che il moto della Terra appare essere in contraddizione con l'esperienza sensibile, con il senso comune che ci dice che siamo "fermi". Questo fondamentale punto sarà l'oggetto dell'opera del 1632 *Dialogo sopra i due massimi sistemi del mondo* e darà luogo a quella che viene chiamata relatività galileiana. Se tutti gli oggetti partecipano di uno stesso moto (inerziale), come avviene *sotto coverta di alcun gran naviglio,* questo moto comune non influenza le interazioni reciproche tra gli oggetti (ossia, diremmo oggi, le leggi della fisica rimangono le stesse). Pertanto, così come stando all'interno della nave non c'è modo osservando i fenomeni di *comprendere se la nave cammina, o pure sta ferma,* alla stessa stregua non è possibile rilevare il moto della Terra stando su di essa.

A Galilei interessa soprattutto mettere in evidenza che il cielo e la terra non sono due reami separati, il primo eterno e il secondo mutevole come voleva Aristotele; piuttosto, per entrambi vale la stessa fisica. Per la filosofia naturale di impianto aristotelico questo costituisce, nelle parole dello stesso Galilei, il *funerale o più tosto l'estremo et ultimo giudizio.* Un punto fermo millenario viene a cadere d'un colpo. In maniera ineluttabile, questa volta. Non si tratta infatti più della contrapposizione di due diversi sistemi di pensiero, magari entrambi con la loro logica, coerenza interna e razionalità, ma tuttavia frutto solo di una elaborazione che è esclusivamente mentale. Cardine decisivo del metodo scientifico, che sorge con Galilei, è la verifica sperimentale: nessuna teoria può avere fondamento se contraddice l'osservazione.

Determinante nell'impresa di Galilei è l'utilizzo di uno strumento, il telescopio, che aumentando a dismisura la limitata capacità sensoriale umana rende possibile discriminare tra due teorie, quella tolemaica e quella copernicana, che comunque "salvano i fenomeni" entrambe, sono cioè compatibili con l'osservazione a occhio nudo degli astri. Da notare che negli stessi anni il livello raggiunto nella tecnica costruttiva delle lenti permise anche di andare nella direzione opposta, realizzando accanto al telescopio anche il microscopio: l'uomo poteva estendere il suo potere di osservazione visiva sia verso il molto grande sia verso il molto piccolo.

Con Galilei l'esperimento assurge a fondamentale elemento metodologico, con le essenziali caratteristiche di essere quantitativo e riproducibile. Il trattato del 1638 *Discorsi e dimostrazioni matematiche intorno a due nuove scienze* descrive gli esperimenti sulla caduta dei gravi. Facendo rotolare delle sfere lungo un piano inclinato, Galilei con misure quantitative giunse a stabilire che lo spazio percorso in verticale da un corpo che cade è proporzionale al quadrato del tempo impiegato a percorrerlo. Facendo astrazione dall'attrito e dalla resistenza dell'aria, questo è vero per qualunque corpo indipendentemente dalla sua forma e dalla sua massa: nel loro moto verticale tutti i corpi cadono con una stessa accelerazione costante.

L'esperimento o *cimento* va dunque inserito in un ragionamento, una *dimostrazione* come diceva Galilei, che è di tipo matematico e come tale si serve dell'astrazione per cogliere le regolarità della natura che altrimenti verrebbero offuscate dai dettagli contingenti. I dati sperimentali devono essere inquadrati in uno schema teorico. Già nel *Saggiatore* del 1623 Galilei aveva espresso la sua famosa convinzione che la matematica è la lingua in cui è scritto il grandissimo libro della natura.

A proposito di moti verticali, nel *Discorso intorno alle cose che stanno in su l'acqua, o che in quella si muovono* (1610) Galilei discute la contrapposizione tra Aristotele e Democrito in merito al problema di stabilire che cosa fa sì che un corpo in acqua galleggi oppure affondi:

> Nel quale spero ancor di mostrare che, non per capriccio, o per non aver letto o inteso Aristotile, alcuna volta mi parto dall'opinion sua, ma perché le ragioni me lo persuadono, e lo stesso Aristotile mi ha insegnato quietar l'intelletto a quello che m'è persuaso dalla ragione, e non dalla sola autorità del maestro.

La spiegazione aristotelica, che Galilei rifiuta, è che un corpo galleggia in dipendenza solo della sua forma poiché una superficie larga e piana non riesce a fendere la resistenza dell'acqua. Democrito sostiene invece che sono gli "atomi ignei" a spingere verso l'alto un corpo immerso in un liquido ed è per tale ragione che un oggetto più largo riceve una spinta maggiore di uno più stretto. Galilei lo apprezza:

> Perché egli, non si contentando del nome solo, aveva voluto più particolarmente dichiarare che cosa fusse la gravità e la leggerezza, cioè la causa dell'andare in giù e dell'ascendere, e aveva introdotto il pieno e 'l vacuo.

Tuttavia nella fattispecie confuta anche lui:

> Concludasi, per tanto, che Democrito in questo particolare ha meglio filosofato che Aristotile. Ma non però voglio io affermare che Democrito abbia rettamente filosofato, anzi pure dirò io che c'è esperienza manifesta che distrugge la sua ragione.

Rifacendosi ad Archimede (c. 287-212 a.C.) e sulla base di risultati sperimentali, Galilei fa vedere infatti che la spinta verso l'alto è pari al peso del volume di liquido spostato.

Torniamo però agli esperimenti sulla caduta dei gravi. Galilei immagina di ridurre progressivamente l'attrito e la resistenza dell'aria fino ad annullarli in una condizione idealizzata in cui nessuna sostanza materiale interferisce con il moto del corpo in esame. Il vuoto perciò esiste (e non impedisce affatto il movimento), al contrario di quello che sostenevano non solo Parmenide e Aristotele ma anche Cartesio, per il quale il vuoto non può esistere e lo spazio stesso non va distinto dalla materia. Anzi, è proprio al moto nel vuoto che in ultima analisi si riferisce la legge di natura scoperta da Galilei; la presenza di aria o altri mezzi non fa che opporre resistenza frenando il moto.

Passando allora a studiare il moto orizzontale dei corpi (che per lui è quello che avviene sulla superficie sferica della Terra o comunque su una superficie a questa concentrica) Galilei deduce che è proprio perché l'attrito è una forza di direzione opposta a quella del moto che se non si continua a tirare il carro questo si ferma. Se si fa astrazione dall'attrito, il carro continua a muoversi indefinitamente. Contrariamente all'insegnamento aristotelico, il moto orizzontale con velocità uniforme non ha bisogno di una causa: è il cambiamento di questo stato di moto uniforme che dev'essere causato da qualcosa.

Newton

Questo processo giunge a compimento quando Isaac Newton (1642-1726), nato nello stesso anno in cui morì Galilei, scrive la legge della dinamica nel suo *Philosophiæ Naturalis Principia Mathematica* ("Principi matematici della filosofia naturale") del 1687, una delle opere più importanti della storia del pensiero.

Il termine "filosofia naturale", usato soprattutto a partire dal Rinascimento, indica lo studio della natura, che viene così delimitato da altri ambiti filosofici come quelli speculativi della logica e della metafisica o quelli pratici dell'etica e della politica. Erede della filosofia naturale sarà la scienza moderna e in particolare la fisica. La parola greca φύσις (*phýsis*) vuol dire semplicemente "natura"; gli otto libri di Aristotele che portano il nome *Fisica* trattano di moto e cambiamento degli oggetti della natura. Gli scritti di Aristotele sono stati sistematizzati e divisi in "libri", con un titolo, da Andronico di Rodi (vissuto nel I secolo a.C.). Le opere aristoteliche riguardanti la speculazione sui concetti più generali e fondamentali della realtà vennero poste da Andronico dopo quelli della *Fisica*; per questa ragione furono intitolati *Metafisica* (ossia "dopo la fisica"), intendendo con ciò probabilmente oltre che una collocazione anche una sequenza didattica per lo studio. Questo termine passò così a denominare la corrispondente disciplina filosofica.

Oggi talvolta nel linguaggio comune la parola "metafisica" si usa con il significato di ragionamento astruso o addirittura avulso dalla realtà. Invece con metafisica, che Aristotele chiamava "filosofia prima", si intende al contrario lo studio filosofico della realtà nei suoi caratteri universali e assoluti, lasciando gli aspetti specifici come oggetto delle scienze particolari. Spesso si parla di metafisica anche come sinonimo di ontologia, la disciplina filosofica che si occupa dell'esistenza in quanto tale e in particolare della natura delle entità di cui si parla in una data teoria.

Con simbologia moderna, la legge della dinamica di Newton si scrive mediante la celebre formula che esprime la forza come uguale al prodotto della massa per l'accelerazione:

$$F = ma$$

L'interazione tra le parti di cui è fatto il mondo viene in tal modo descritta in termini di forza, una grandezza fisica di tipo vettoriale (al pari di spostamento, velocità e accelerazione) misurabile e quindi esprimibile quantitativamente mediante il numero che ne esprime il valore (il modulo) e la direzione orientata lungo la quale agisce. Per contro, le grandezze fisiche come la massa che si esprimono semplicemente mediante un numero si dicono scalari. Scriviamo una grandezza vettoriale in grassetto ($\boldsymbol{F}$), il suo modulo con lo stesso simbolo non in grassetto (F). Nelle rappresentazioni grafiche i vettori vengono indicati con segmenti orientati, ossia mediante frecce. Nel Sistema Internazionale delle unità di misura la forza si misura in Newton, simbolo "N".

Un esempio quotidiano di forza è quella di origine muscolare che tira un carro o che spinge un tavolo. Un ulteriore esempio è dato dalla forza elastica studiata da un'altra importante figura della rivoluzione scientifica seicentesca, Robert Hooke (1635-1703). In sintesi, esistono diversi tipi di forza e quindi di interazione; nella legge della dinamica di Newton la forza specifica $\boldsymbol{F}$, considerata nota, va esplicitata caso per caso.

Per inciso, fu in una lettera a Hooke del 1676 che Newton scrisse la celebre frase:

> Se ho potuto vedere più lontano, è perché stavo sulle spalle di giganti.

Le opere dei grandi pensatori e scienziati di ogni tempo costituiscono le pietre miliari del progresso intellettuale e materiale dell'umanità. Le conquiste di ognuno di loro si fondano su quelle dei precedenti, pur se le confutano: non ci poteva essere Newton senza Aristotele, non ci poteva essere Einstein senza Newton.

Per mettere in moto e per fermare un corpo, più in generale per variarne la velocità (in modulo, in direzione, o entrambi) occorre una forza F, che appunto è direttamente proporzionale alla variazione della velocità, variazione che chiamiamo accelerazione a. Il parametro che lega le grandezze fisiche forza e accelerazione, la massa m del corpo, è una proprietà intrinseca di quest'ultimo che ne misura quantitativamente l'inerzia, cioè il suo grado di opposizione alla variazione di moto: a parità di forza, maggiore è la massa e minore sarà l'accelerazione.

Se la forza risultante è nulla, tale è anche l'accelerazione, per cui la velocità rimane costante al valore che ha, nullo o diverso da zero che sia. Quest'ultima affermazione è il contenuto della "prima legge" che nei *Principia* viene premessa a quella della dinamica, la quale pertanto nell'esposizione diventa la seconda. La ridondanza fu probabilmente voluta da Newton, che non era tanto interessato a stabilire un sistema minimo di assiomi quanto a mettere bene in chiaro il ruolo e il significato del moto inerziale, cioè del moto in assenza di forze. Si tratta di quel principio d'inerzia dedotto sperimentalmente da Galilei per il moto "orizzontale" sulla superficie terrestre.

C'è però una fondamentale differenza tra l'idea di moto inerziale newtoniana e quella galileiana. La meccanica newtoniana dimostra che, come già intuito da Cartesio, il moto inerziale è lineare uniforme, non circolare uniforme come pensava Galilei.

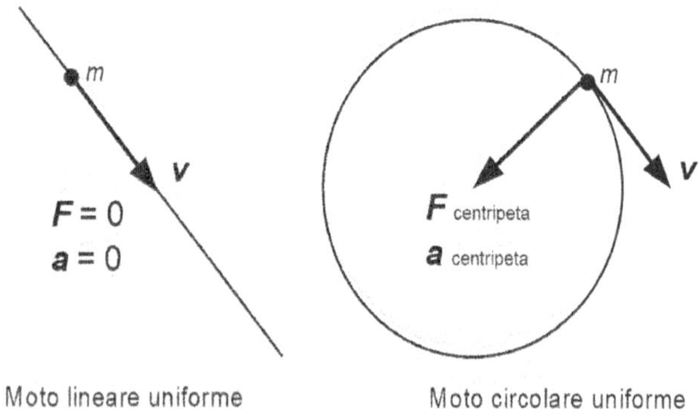

Figura 2.2 Moto lineare uniforme e circolare uniforme.

In un moto rettilineo uniforme vengono percorsi segmenti di retta uguali in tempi uguali, mentre in un moto circolare uniforme vengono percorsi angoli uguali in tempi uguali.

Il moto circolare uniforme, tuttavia, non è affatto inerziale, dato che solo il modulo della velocità è costante: non può avvenire se non per causa di una forza (e quindi di un'accelerazione) che faccia cambiare costantemente la direzione del vettore velocità, mantenendola sempre tangenziale. Tale forza è costante in modulo ed è diretta lungo il raggio verso il centro, è cioè radiale centripeta. Parliamo della forza, ma la stessa cosa vale per l'accelerazione, che pure è centripeta avendo la stessa direzione e lo stesso verso della forza.

La forza e la velocità in un moto circolare uniforme sono sempre perpendicolari tra di loro: la prima è sempre diretta lungo il raggio con il verso che va verso il centro, la seconda è in ogni punto diretta come la tangente al cerchio con il verso della rotazione. Una pallina ruota attorno a un punto fisso a cui è attaccata con una corda grazie alla tensione della corda stessa; se questa viene tagliata, la pallina, come si dice, parte per la tangente: scomparsa la forza, il suo moto diventa lineare uniforme.

Il moto di rotazione della Terra intorno a se stessa si può assumere che sia approssimativamente circolare uniforme, dove la necessaria forza centripeta è la gravità. Introducendo il principio d'inerzia, Galilei mostrò che non ci accorgiamo della rotazione terrestre dato che il nostro pianeta esegue quello che lui riteneva un moto inerziale. Questo resta valido anche nella teoria di Newton poiché, per un osservatore fisso sulla superficie (che quindi si trova su una sfera di raggio abbastanza grande e che ruota abbastanza lentamente), il moto della Terra effettivamente è approssimabile a un vero moto inerziale. In altre parole, il pianeta su cui viviamo costituisce approssimativamente un sistema di riferimento inerziale ed è questo il motivo per cui non ci accorgiamo del movimento se non con esperimenti di una certa raffinatezza come quello del pendolo di Jean Foucault (1819-1868). Se Galilei nella sua epoca avesse avuto i mezzi per realizzare un simile esperimento, avrebbe risolto il suo problema dimostrando direttamente che la Terra ruota.

Una "terza legge" di Newton, o principio di azione e reazione, afferma poi che la forza che si esercita tra due corpi è sempre un'interazione reciproca.

La legge della dinamica è il primo, paradigmatico esempio in senso moderno di legge della natura formulata mediante un modello matematico inquadrato in una teoria scientifica, in particolare fisica. La legge di Newton si applica in tutta generalità al moto di un corpo materiale ed è in grado di descrivere e prevedere in maniera quantitativa, riproducibile e verificabile una vasta classe di fenomeni.

Figura 2.3 Newton come dipinto da William Blake (1795).

Caratteristica della legge di Newton è di essere locale, il che si riflette nel fatto che matematicamente è espressa in forma differenziale. Esprimendo esplicitamente l'accelerazione in termini di variazione nel tempo della velocità, la legge della dinamica di Newton si scrive infatti:

$$\boldsymbol{F} = m\,\frac{d\boldsymbol{v}}{dt}$$

Questa espressione dice che la forza in ogni istante è proporzionale alla variazione istantanea della velocità rispetto al tempo. La variazione in un intervallo di tempo finito si ottiene "sommando" (il termine corretto è "integrando") tutte le successive variazioni infinitesime. L'apparato matematico necessario per trattare le variazioni infinitesime, il calcolo differenziale, fu sviluppato appositamente dallo stesso Newton (sebbene poi reso completamente rigoroso solo nell'Ottocento) e indipendentemente anche dal suo contemporaneo Gottfried Wilhelm von Leibniz (1646-1716), la cui simbologia è quella tuttora in uso.

Leggi di conservazione

In realtà la formulazione più generale della legge della dinamica è la seguente:

$$\boldsymbol{F} = \frac{d\boldsymbol{p}}{dt}$$

dove $\boldsymbol{p}$ è una grandezza vettoriale chiamata "quantità di moto" o momento lineare o semplicemente momento. Nella meccanica newtoniana per un singolo punto materiale vale

$$\boldsymbol{p} = m\boldsymbol{v}$$

per cui, in questo caso, se la massa è costante le due formulazioni sono matematicamente equivalenti.

In questa prospettiva più generale si vede che l'effetto della forza è quello di fare variare il momento. L'importanza di questa formulazione risiede nel fatto che, a differenza della velocità, il momento è una grandezza fisica conservata in ogni circostanza e per ogni sistema fisico. Non solo per un punto materiale a massa costante ma anche per esempio per un sistema formato da più particelle.

Se una parte di un sistema fisico acquisisce momento ci deve essere un'altra parte che lo cede. Così interpretata, la legge della dinamica di Newton identifica quindi il principio d'inerzia con il principio di conservazione del momento. La forza è il meccanismo per mezzo del quale il momento viene trasferito da una parte all'altra. Alla variazione del momento di un punto materiale corrisponde una variazione uguale e opposta della parte del sistema fisico che su quel punto materiale esercita una forza.

Il moto circolare uniforme, pur non essendo un moto inerziale, tuttavia qualcosa di speciale ce l'ha comunque, essendo un caso particolare di un moto centrale, un moto cioè in cui la forza che agisce sul punto materiale è sempre diretta verso un centro fisso.

Mentre in un moto rettilineo uniforme il momento lineare $\boldsymbol{p}$ (la "quantità di moto", appunto) è costante, in un moto circolare uniforme, come in tutti i moti centrali, è costante invece un'altra grandezza fisica vettoriale per la quale pure vige una legge di conservazione. Si tratta del momento angolare $\boldsymbol{L}$, il quale in sostanza esprime, potremmo dire, la "quantità di rotazione".

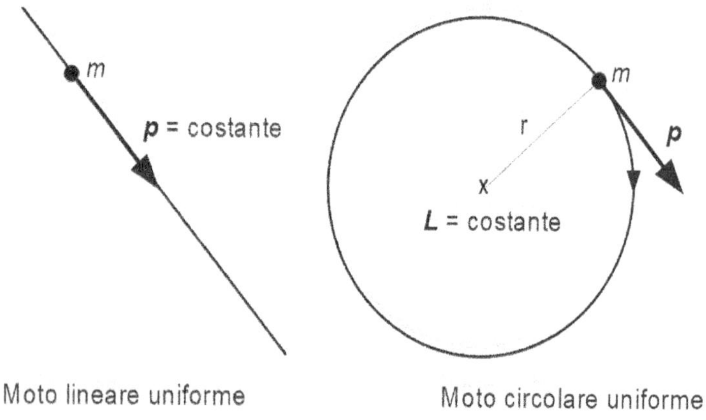

Figura 2.4 Momento lineare e momento angolare.

Consideriamo per esempio un punto materiale di massa m che si muove di moto circolare uniforme con momento di modulo p costante (ma direzione variabile) su una circonferenza di raggio r. La direzione del vettore momento angolare è quella dell'asse di rotazione, mentre il modulo è dato da

$$L = rp = rmv$$

Nella figura 2.4 il vettore $\boldsymbol{L}$ è entrante nel foglio nel centro della circonferenza, cosa rappresentata dal simbolo "x" che ricorda la "coda" del vettore.

Il verso del momento angolare è dato dalla regola della mano destra: come nella figura 2.5, il pollice indica il verso di $\boldsymbol{L}$ se le altre dita si dispongono in maniera concorde alla rotazione.

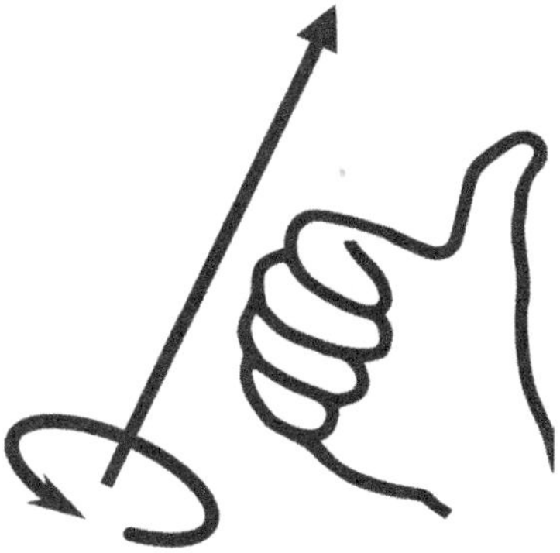

Figura 2.5 La regola della mano destra.

Per modificare il momento lineare di un sistema fisico occorre un'interazione. Parimenti, per modificarne il momento angolare occorre un'interazione, ovviamente diversa dalla forza centrale che agisce in un primo tempo. In entrambi i casi la variazione della grandezza conservata deve essere apportata da un altro sistema fisico, il quale subirà una variazione uguale e opposta. In un moto qualunque, momento lineare e momento angolare in generale variano nel tempo a causa dell'interazione a cui il sistema è sottoposto.

L'interazione è il meccanismo per mezzo del quale due sistemi fisici si scambiano almeno una grandezza conservata.

Il momento angolare totale di un sistema fisico esteso si scompone nella somma di due termini (figura 2.6): uno riguarda il moto orbitale del sistema attorno a un asse esterno, l'altro riguarda la rotazione attorno al proprio asse e viene chiamato anche "spin" ***S***. Consideriamo per esempio il pianeta Terra. Al suo moto di rivoluzione intorno al Sole corrisponde un momento angolare orbitale, un vettore disposto come l'asse di questa rotazione e quindi perpendicolare al piano dell'orbita a partire dal centro del Sole. Al moto di rotazione della Terra intorno a se stessa corrisponde invece il momento angolare di spin, un vettore diretto come l'asse terrestre a partire dal centro della Terra.

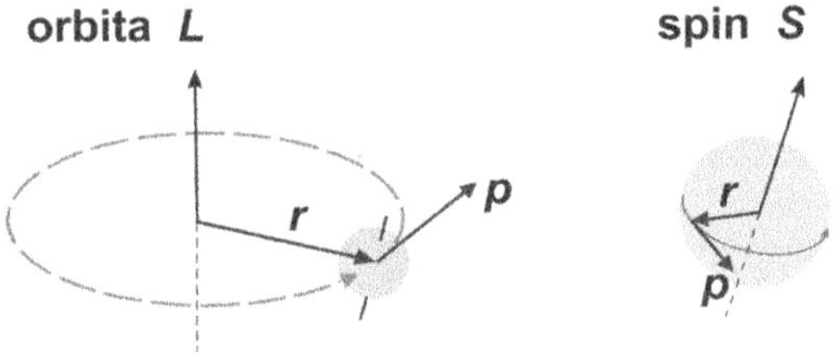

Figura 2.6 Momento angolare orbitale e di spin.

Se il modello usato contempla il moto orbitale di un punto materiale attorno a un altro, ovviamente non c'è un momento angolare di spin, poiché un punto geometrico, essendo senza dimensioni, non può ruotare attorno a se stesso.

Le leggi di conservazione del momento lineare e del momento angolare, entrambe grandezze fisiche vettoriali, vanno ad affiancarsi a due leggi di conservazione, oggi notissime: quella della massa e quella dell'energia, entrambe grandezze fisiche scalari. Ricordiamo che la forma di energia posseduta da un corpo in movimento si chiama energia cinetica E_k. Per un punto materiale di massa m che si muove con velocità di modulo v l'energia cinetica è data nella meccanica newtoniana da

$$E_k = \frac{1}{2} mv^2 = \frac{p^2}{2m}$$

All'interazione stessa è poi associata un'energia, detta energia potenziale.

Nel moto circolare uniforme (e più in generale in ogni moto centrale) l'interazione che fornisce l'accelerazione centripeta produce una variazione del solo momento lineare della particella in moto. Il momento angolare come sappiamo non varia, ma anche l'energia rimane costante. Infatti, in questo tipo di moto la forza è sempre perpendicolare alla velocità e quindi non compie lavoro, ossia non c'è scambio di energia con la particella a cui è applicata.

Le leggi di conservazione fissano dei vincoli ai processi che sono realizzabili in natura, i quali quindi non possono avvenire in maniera completamente libera (a caso, potremmo dire) ma devono essere tali da rispettare un ordine razionale. Per questa ragione le leggi di conservazione rappresentano anche uno strumento d'indagine molto potente, non solo per calcolare come si svolge il processo fisico in esame: l'apparente violazione di una di queste leggi conduce a evidenziare un errore sperimentale o addirittura a una nuova scoperta.

Le grandezze fisiche conservate sono elementi immutabili nelle innumerevoli mutazioni che avvengono nel mondo fisico.

La gravità

Il secondo gigantesco passo intellettuale compiuto da Newton nei *Principia* fu la scoperta della legge di una specifica forza, la gravità, che si rivelerà poi essere una delle quattro interazioni fondamentali della natura. Tutti i tipi di forza osservati nel mondo macroscopico sono riconducibili a due sole, la forza gravitazionale e la forza elettromagnetica (unificazione della forza elettrica e di quella magnetica); a queste si aggiungono poi le due forze nucleari, forte e debole, che hanno un raggio d'azione ridottissimo per cui agiscono solo all'interno del nucleo dell'atomo.

Il carattere rivoluzionario dell'intuizione di Newton è ben illustrato dall'aneddoto della mela che cade: la stessa forza che fa cadere un oggetto sulla superficie della Terra è anche responsabile dell'orbita della Luna attorno alla Terra e della Terra e degli altri pianeti attorno al Sole. Newton stabilì che due corpi di massa m_1 e m_2 posti a una distanza d si attirano vicendevolmente con una forza agente lungo la congiungente i due corpi, direttamente proporzionale al prodotto delle masse e inversamente proporzionale al quadrato della distanza, secondo una costante universale della natura G; in modulo:

$$F = G \frac{m_1 m_2}{d^2}$$

Il valore numerico oggi accettato della costante gravitazionale nel Sistema Internazionale delle unità di misura è

$$G = 6{,}67408 \cdot 10^{-11}\ \mathrm{Nm^2/kg^2}$$

La separazione aristotelica tra cielo e terra viene così definitivamente accantonata, in quello che può essere considerato il primo esempio di unificazione di leggi fisiche.

La legge della dinamica collega matematicamente, mediante le leggi specifiche delle forze come quella della gravitazione universale, il moto alle sue cause: nasce così la moderna disciplina della meccanica. Sia la legge della dinamica sia le leggi specifiche delle forze sono dei modelli matematici in cui il corpo viene rappresentato da un punto materiale in cui si concentra tutta la massa. Queste leggi si applicano cioè a problemi in cui l'effettiva estensione dell'oggetto non è rilevante. Per calcolare l'orbita di un pianeta attorno al Sole, la traiettoria di una sonda inviata su Marte o quella di una palla lanciata in alto con una certa inclinazione è sufficiente considerare un solo punto dell'oggetto in esame, il suo centro di massa per esempio.

Data la forza cui il punto materiale è sottoposto e partendo dalla posizione e velocità del punto a un assegnato istante, la legge della dinamica fornisce in maniera necessaria la posizione e la velocità a ogni altro istante di tempo. Le stesse leggi che regolano la meccanica del punto materiale stanno poi alla base delle generalizzazioni che tengono in conto l'estensione dei corpi (come il modello del corpo rigido o quello del corpo elastico continuo) e quindi di fenomeni come le onde meccaniche.

Nel linguaggio colloquiale si usano talvolta i termini "peso" (che in realtà è una forza) e "massa" (una proprietà intrinseca dei corpi) in maniera intercambiabile. Un uso che dal punto di vista fisico non è rigorosamente corretto ma che discende dal fatto che, nei pressi della superficie della Terra, massa e peso sono proporzionali. I due termini si possono comunque in effetti scambiare qualora si prendano in considerazione dei rapporti: il rapporto tra due masse è uguale al rapporto tra i corrispondenti pesi.

Il meccanicismo

La meccanica newtoniana si innesta nella concezione filosofica meccanicistica che accompagnò la rivoluzione scientifica, quella dottrina cioè secondo cui tutti i fenomeni del mondo fisico sono spiegabili esclusivamente mediante il movimento di corpi materiali.

Nella Prefazione dei *Principia* Newton scrive:

> Vorrei che potessimo derivare i rimanenti fenomeni della natura con lo stesso tipo di ragionamento a partire da principi meccanici. Per molte ragioni sono infatti indotto a sospettare che tutti questi fenomeni possano dipendere da certe forze per le quali le particelle dei corpi, per cause finora ignote, o sono attirate l'una verso l'altra e aderiscono in forme regolari, oppure si respingono e recedono una dall'altra. Non essendo tali forze note, i filosofi finora hanno cercato invano di ricercare la natura; ma io spero che i principi qui esposti permetteranno di far luce su questo o su qualche altro, più veritiero metodo della filosofia.

La visione meccanicistica è una raffigurazione del mondo quale grande macchina, le cui parti, come in un orologio, sono degli ingranaggi che interagendo reciprocamente secondo leggi di natura di tipo causale determinano le caratteristiche dell'intero sistema. Non viene invocato alcun finalismo né vitalismo; le quattro cause aristoteliche conflagrano in una sola (la vecchia causa efficiente), data dalle forze di interazione.

L'apice di questa visione è il determinismo causale, che tutto sottomette alla necessità e che non lascia alcuno spazio al caso, come entusiasticamente espresso nel 1817 da Pierre Simon de Laplace (1749-1827):

> Possiamo considerare lo stato attuale dell'universo come l'effetto del suo passato e la causa del suo futuro. Un intelletto che ad un determinato istante dovesse conoscere tutte le forze che mettono in moto la natura, e tutte le posizioni di tutti gli oggetti di cui la natura è composta, se questo intelletto fosse inoltre sufficientemente ampio da sottoporre questi dati ad analisi, esso racchiuderebbe in un'unica formula i movimenti dei corpi più grandi dell'universo e quelli degli atomi più piccoli; per un tale intelletto nulla sarebbe incerto ed il futuro proprio come il passato sarebbe evidente davanti ai suoi occhi.

All'unificazione dello studio fisico del cielo e della terra perfezionato da Newton fa riscontro una drastica separazione. Parliamo di quella operata da una figura cruciale del meccanicismo filosofico, Cartesio, il quale assume una posizione dualistica distinguendo nettamente due tipi di realtà: quella fisica o *res extensa* e quella mentale o *res cogitans.* La proprietà di estensione pertiene solo alla prima, la proprietà di consapevolezza solo alla seconda. Il dualismo cartesiano va però superato quando si vogliano studiare in maniera scientifica proprio i fenomeni mentali. Uno studio certamente da portare avanti, anche sulla base dei progressi della moderna neurofisiologia, con l'obiettivo di poter pervenire infine a una spiegazione scientifica del fenomeno del libero arbitrio. Il quale normalmente viene tenuto fuori dalla descrizione dei fenomeni naturali, non necessariamente perché si voglia riconosce il valore ontologico del dualismo cartesiano, ma semplicemente come approccio metodologico. Il libero arbitrio plausibilmente si sottrae sia al determinismo sia al caso e per questa ragione una sua spiegazione richiede delle nuove scoperte scientifiche fondamentali. Un dubbio che si può innestare su questa riflessione riguarda l'assunto, per nulla scontato a priori, che la mente umana possa a lungo andare poter comprendere qualsiasi cosa, incluso se stessa.

Il meccanicismo comprende solitamente anche la tesi che la materia è fatta di atomi (o più in generale di corpuscoli) non osservabili, dotati delle qualità, o proprietà che dir si voglia, di forma, dimensione e movimento. Per i meccanicisti queste proprietà sono le uniche attribuibili agli atomi; proprietà immediate, ben comprensibili e possedute da qualsiasi oggetto materiale. A queste sono riconducibili tutti i fenomeni, comprese le proprietà macroscopiche secondarie come colore, sapore e odore: un punto di vista denominato riduzionismo.

Per il singolo atomo le proprietà geometriche (la forma e la dimensione) sono intrinseche e invariabili, mentre le proprietà meccaniche concernenti il movimento (la posizione e la maniera in cui questa varia nel tempo) sono quelle che possono essere soggette a cambiamento. Un punto fondamentale della filosofia meccanicista è che non è ammissibile prendere in considerazione ulteriori, misteriose proprietà, come le aristoteliche "essenze" o "virtù", che non sono giustificate in maniera autoevidente.

Newton apporta alla dottrina meccanicistica le leggi matematiche del moto; in particolare al movimento degli atomi, che chiama corpuscoli. Anche per Newton infatti le parti ultime dei corpi, nonché della luce, sono dei corpuscoli impenetrabili e indistruttibili, mobili e dotati di inerzia. Ogni mutamento della natura è dovuto all'aggregazione, separazione e movimento dei corpuscoli; la diversa densità delle sostanze è riconducibile alla diversa proporzione tra corpuscoli e spazi vuoti. Tuttavia Newton è molto cauto circa una forza che agisca tra i corpuscoli, perché di questa forza non conosce la natura e di conseguenza non vuole introdurla come ulteriore proprietà dei corpuscoli stessi.

Mentre il metodo scientifico iniziato da Galilei poté essere da Newton completato e applicato ai fenomeni meccanici macroscopici, questo non poteva avvenire per i componenti elementari della materia. Non c'era ancora alcuna evidenza empirica dell'esistenza degli atomi, tanto meno una maniera di fare delle rilevazioni quantitative delle loro proprietà e interazioni. Il corpuscolarismo newtoniano rimane ancora nel reame delle pure e semplici speculazioni.

Azioni a distanza

Da un punto di vista moderno le leggi fisiche vanno viste come dei modelli. Ragionare per modelli è l'unico modo di fare scienza. La legge della dinamica è un modello che funziona perfettamente all'interno dei suoi limiti di applicazione, oltre i quali l'estrapolazione è in linea di principio illecita. Sappiamo oggi che la meccanica newtoniana, oltre a non essere applicabile al livello atomico, non vale per velocità significative rispetto a quella della luce nel vuoto c. In quest'ultimo ambito va sostituita con la meccanica relativistica, di cui costituisce per velocità basse un'ottima approssimazione, tanto da esserne a tutti gli effetti indistinguibile.

Se restiamo nel mondo macroscopico dei fenomeni quotidiani e di quelli astronomici, la meccanica newtoniana è il trionfo del metodo scientifico. La legge di gravitazione in particolare, inserita nella legge della dinamica, gode di conferma empirica quantitativa ed è in grado di prevedere e spiegare fenomeni terrestri e celesti. Tra l'altro dalla legge di gravitazione si deducono in maniera elegante le tre leggi geometriche sull'orbita dei pianeti scoperte da Johannes Kepler (Keplero, 1571-1630) solo empiricamente e senza una teoria che le inquadrasse. Keplero aveva estratto le regolarità nascoste nella gran massa di dati proveniente dalle sistematiche osservazioni astronomiche a occhio nudo di Tycho Brahe (1546-1601). Le tre leggi sono le seguenti.

- L'orbita descritta da un pianeta è un'ellisse, di cui il Sole occupa uno dei due fuochi.
- Il segmento che unisce il centro del pianeta con il centro del Sole percorre aree uguali in tempi uguali.
- I quadrati dei tempi che i pianeti impiegano a percorrere la loro orbita sono proporzionali ai cubi delle loro distanze medie dal Sole.

In particolare, l'approccio newtoniano dimostra matematicamente il contenuto della prima legge di Keplero. Dalla legge della dinamica insieme con la legge di gravità si deduce infatti che l'orbita chiusa descritta da un pianeta intorno al Sole è in generale un'ellisse, figura geometrica di cui la circonferenza è un caso particolare. Nel loro moto di rivoluzione tutti i pianeti del sistema solare percorrono in effetti un'ellisse di cui il Sole occupa uno dei due fuochi; un'ellisse spesso poco eccentrica (cioè poco schiacciata) ma comunque distinta da una circonferenza.

Si tratta di una netta rottura con la concezione del perfetto moto celeste circolare, alla quale lo stesso Galilei non si era sottratto. Si può capire quanto questa concezione fosse culturalmente radicata nella tarda antichità e nel Medioevo dall'universale accettazione della teoria degli epicicli. Riportato nell'influente *Almagesto* di Claudio Tolomeo (c. 100-170 d.C.), il meccanismo degli epicicli permetteva di salvare i fenomeni, come il moto retrogrado apparente dei pianeti, ammettendo nel contempo solo moti circolari e loro composizioni.

Per la gravità rimane tuttavia un fondamentale problema concettuale. Le forze macroscopiche dell'esperienza quotidiana sono generalmente forze che agiscono per contatto; invece la gravità come teorizzata da Newton è qualcosa di diverso: è una forza che agisce a distanza attraverso il vuoto. Questo nell'ambito del meccanicismo è inammissibile e, se ben ci riflettiamo, è effettivamente difficile da giustificare: che tipo di entità fisiche potrebbero realizzare un'azione a distanza? Questa obiezione è assolutamente fondata e rimane tale anche contando la massa tra le proprietà dei corpi: la gravità dipende dalla massa, ma questo ancora non fornisce alcun meccanismo che spieghi come la forza si manifesti tra due punti separati spazialmente.

In effetti, nella scienza moderna non c'è posto per un'azione a distanza; come accennato in precedenza, s'intende che tutti gli effetti fisici si trasmettano da un punto a un altro solo grazie a una catena di effetti locali. Per esempio, da un punto A a un punto B dello spazio si possono propagare massa, energia, momento lineare e momento angolare mediante il moto di un punto materiale, o di un oggetto materiale esteso, che percorre con continuità tutti i punti intermedi di una traiettoria che congiunge A e B.

Un'altra possibilità, sempre di tipo locale, è il già citato meccanismo dell'onda. Immaginiamo di provocare una perturbazione in un punto A di un mezzo materiale esteso, per esempio facendo cadere un sasso nell'acqua di uno stagno. Osserviamo un'onda circolare che si allarga progressivamente, con velocità finita, a partire da A fino a raggiungere un punto distante B. In tal caso, quello che avviene non è che una singola particella d'acqua percorra l'intera traiettoria da A a B. Piuttosto, le particelle in A "spingono" delle particelle molto vicine, queste a loro volta ne mettono in moto altre a loro vicine, finché questo effetto arriva in B portando energia, momento lineare e momento angolare alle particelle d'acqua che vi si trovano.

Nella gravità newtoniana non agisce nessuno di questi due meccanismi. Non potendosi inquadrare come qualcosa di fisico, l'azione a distanza potrebbe solo essere annoverata tra quegli effetti di tipo magico da cui la rivoluzione scientifica finalmente si affrancava. Il processo di trasformazione del resto fu tutt'altro che immediato; al tempo di Newton ci troviamo proprio in una fase di transizione in cui non sempre è facile distinguere tra scienza e magia.

Lo stesso Newton incarna questa transizione, dato che convivono in lui entrambe le istanze. Quella della scienza: un sapere aperto, verificabile e quantitativo, che adotta un linguaggio chiaro e comprensibile e persegue una conoscenza da diffondere a tutti e accrescibile con il contributo di tutti. Quella, di carattere magico, dell'alchimia: un sapere iniziatico, espresso mediante un linguaggio simbolico e volutamente ambiguo, non falsificabile, che fa ricorso a influenze occulte ed è accessibile solo a pochi eletti che attingono a una presunta originaria sapienza antica.

Inizialmente, in uno scritto sulla luce del 1675, Newton ipotizzava l'esistenza dell'etere. Alla maniera di Cartesio, l'assenza del vuoto e la presenza invece di una sostanza che riempie lo spazio garantirebbe la propagazione per contatto del movimento e quindi di qualunque azione meccanica. Poi però il suo interesse per l'alchimia si rinvigorì, e forse fu proprio questo che gli facilitò l'elaborazione della gravità come azione a distanza. Ad ogni modo, certamente la sua legge di gravità funzionava molto bene in pratica e questo gli permise di sospendere il giudizio: *hypotheses non fingo* ("non invento ipotesi") è il rifiuto di Newton di proporre spiegazioni sull'origine della gravità che non possano essere dedotte dai fenomeni.

Newton, nella sua epoca definito un filosofo naturale, lasciò alla sua morte un'enorme quantità di scritti sugli argomenti più disparati, non solo scientifici, che per lungo tempo non furono neanche divulgati. Nel 1936 una parte di questo lascito intellettuale fu acquistata dall'economista John Maynard Keynes (1883-1946), che leggendo i numerosi scritti alchemici di Newton affermò:

> Newton non fu il primo dell'era della ragione, fu l'ultimo dei maghi.

3

L'approccio scientifico all'atomo

Alchimia e chimica

L'approccio scientifico all'idea di atomo fu reso possibile dall'applicazione alla chimica del metodo sperimentale, quantitativo e riproducibile, che Galilei aveva introdotto nello studio del moto.

La moderna scienza della chimica si occupa della struttura e delle proprietà delle sostanze, elementi e composti, nonché delle cosiddette reazioni, in cui un insieme di sostanze di partenza (reagenti) si trasforma in un insieme di sostanze di arrivo (prodotti) che sono in tutto o in parte diverse.

Il termine "chimica" deriva direttamente dalla parola "alchimia", entrata in latino dall'arabo *al-kīmiyā*, semplicemente perdendo l'articolo determinativo arabo *al*. A sua volta, la parola araba derivava dal greco χημία (*khēmia*) o χημεία (*khēmeia*); può darsi che ci sia poi un'origine ancora più antica (egiziana, è stato ipotizzato), ma il termine greco si adatta bene poiché significa "fusione" o "infusione".

Al di là del nome, però, la moderna chimica nata dalla rivoluzione scientifica solo in parte si può considerare la discendente dell'alchimia. Quest'ultima ha certamente a che fare con la manipolazione di sostanze, arte feconda di ricadute pratiche come la metallurgia e la farmacia. Nella sua essenza, però, l'alchimia è un culto esoterico, un complesso di credenze mistico-magiche dalle antichissime origini, in cui la trasformazione e purificazione delle sostanze aveva significato solo in connessione con la ricerca di una trasformazione e purificazione personale. Una connessione carica di significati simbolici e allusivi.

Gli alchimisti cercavano la pietra filosofale, una leggendaria sostanza capace di trasformare i metalli vili come il piombo in metalli nobili come l'argento e l'oro, nonché di produrre effetti di ringiovanimento e fungere quindi da elisir di lunga vita. Tuttavia l'oggetto della manipolazione in alchimia non è mai semplicemente una sostanza in quanto tale; questa rimanda piuttosto a una catena di significati nascosti che solo chi raggiunge l'illuminazione può cogliere, ottenendo così una conoscenza superiore di tipo mistico.

Agli elementi classici fuoco, aria, acqua, terra ed etere gli alchimisti medievali ne aggiungevano altri tre: zolfo, mercurio e sale, tre principi metallici che incarnavano rispettivamente le caratteristiche di infiammabilità, volatilità e solidità. Chiaramente, la credenza alchemica di poter trasformare un metallo in un altro, per esempio il piombo in oro, doveva avere come presupposto che tali metalli fossero sostanze composte e non elementi.

Dal canto suo il meccanicismo, se da una parte si avvicina all'idea di atomo, dall'altra invece si allontana, rispetto alla tradizione aristotelica, dall'idea di elemento. Già nel Seicento diventa improponibile che fuoco, aria, acqua, terra siano sostanze elementari che compongono tutte le altre; questa concezione non può essere adeguata per una spiegazione della varietà di sostanze e delle loro reazioni. Gli elementi classici vengono di conseguenza abbandonati. Per i meccanicisti tutte le caratteristiche del mondo, e quindi tutte le differenze tra le sostanze, sono dovute alle proprietà geometrico-meccaniche degli atomi. Di conseguenza la materia è una realtà unitaria; perde di significato postulare sostanze elementari ultime alle quali ogni sostanza può essere ricondotta.

Un punto che viene messo ben in chiaro da un'altra figura di transizione: Robert Boyle (1627-1691), eclettico scienziato meccanicista con una propensione all'attività sperimentale, ma anche alchimista.

Nel suo *The Sceptical Chymist* ("Il chimico scettico", 1661) Boyle critica gli elementi classici e fornisce una definizione di elementi come sostanze primitive che

> non sorgono da altre sostanze né una dall'altra, bensì costituiscono le parti di cui sono fatte le sostanze composte.

Boyle tuttavia dubita che gli elementi esistano singolarmente nella realtà. Nel citato libro si legge:

> Né vedo perché non possiamo immaginare che essa [la natura, *NdA*] possa produrre l'uno dall'altro i corpi considerati misti mediante trasformazioni varie delle loro minuscole particelle, senza scomporre la materia in nessuna di quelle sostanze semplici e omogenee in cui si pretende che la scomponga.

Tramite la scomposizione e ricomposizione meccanica dei corpuscoli elementari, che possono essere pensati come dotati di forme a incastro, Boyle può facilmente immaginare ogni trasmutazione di sostanze e di metalli, venendo così incontro alla sua personalità di alchimista. Ogni cosa si può trasformare in qualsiasi altra cosa.

Leggi chimiche sperimentali

Boyle comunque spianò la strada alla definizione di elemento data da Antoine Lavoisier (1743–1794) nel 1789, che è di tipo scientifico in quanto operativa: una sostanza va considerata elementare se non è noto alcun metodo per scomporla in sostanze ancora più elementari. Questa definizione di elemento risultò indispensabile per la nascente chimica sperimentale che la adottò.

Lavoisier fu il primo a fare una serie di esperimenti chimici quantitativi, stabilendo tra l'altro che l'acqua è composta da due elementi, idrogeno e ossigeno. Sperimentando con reazioni in cui reagenti e prodotti venivano accuratamente pesati, Lavoisier scoprì una legge della natura dall'importanza fondamentale non solo per la chimica ma per la scienza nella sua interezza. Si tratta della legge di conservazione della massa: in una reazione chimica, la massa totale dei reagenti è uguale alla massa totale dei prodotti. Perciò, se per esempio i prodotti noti non raggiungono la massa dei reagenti, vuol dire che ci deve essere necessariamente un ulteriore prodotto la cui massa è quella mancante.

In altre parole, nulla si crea e nulla si distrugge ma tutto si trasforma: è l'idea parmenidea riportata da Aristotele nella *Fisica*, poi ripresa da Lucrezio, secondo cui *ex nihilo nihil fit* ("dal nulla viene il nulla"). La legge di Lavoisier pone un preciso vincolo alle possibili trasformazioni di sostanze.

A cavallo tra il Settecento e l'Ottocento furono fatte altre due scoperte sperimentali che insieme a quella di Lavoisier posero le fondamenta della chimica come scienza: la legge delle proporzioni definite enunciata nel 1794 da Joseph Proust (1754–1826) e la legge delle proporzioni multiple pubblicata nel 1808 da John Dalton (1766-1844).

La legge di Proust afferma che in ogni dato composto le masse degli elementi componenti stanno in un rapporto fisso. Questo è vero indipendentemente dalla maniera in cui il composto è stato preparato, dalla sorgente da cui viene ricavato, dalla dimensione del campione esaminato, da ogni altra circostanza particolare. In una data quantità d'acqua (la cui moderna formula chimica è H_2O) ci sono sempre 8 parti del totale (in massa, ovvero in peso poiché in questa circostanza abbiamo a che fare sempre con rapporti) di ossigeno per 1 parte di idrogeno. Il carbonato di rame ($CuCO_3$) è sempre fatto da 5,3 parti di rame, 4 parti di ossigeno e 1 parte di carbonio, in peso.

Elementi, composti e miscele

La legge di Proust fa riferimento ai composti, non alle miscele. Elementi e composti sono sostanze pure dal punto di vista chimico, le miscele no.
Mischiare fisicamente tra di loro delle sostanze, pure o meno, è sempre possibile, con proporzioni a piacere (entro certi limiti), ottenendo così una miscela più o meno visivamente omogenea.

Esempi sono le soluzioni come il sale sciolto in acqua, o le leghe metalliche come il bronzo (costituito da rame e stagno, i quali non sono legati chimicamente tra di loro ma semplicemente miscelati). O ancora, si ottiene banalmente una miscela versando in una ciotola liquidi diversi o diversi solidi in polvere e mischiando con un cucchiaio.
Una miscela può essere separata nelle sue sostanze componenti con mezzi fisici, come filtraggio, distillazione, centrifugazione e così via; i composti invece si ottengono e si separano solo con mezzi chimici, ossia mediante reazioni chimiche.
Da notare che nessuno dei quattro "elementi" classici è effettivamente un elemento nel senso scientifico moderno. L'acqua comunque è un composto, dato dal legame chimico tra idrogeno e ossigeno, mentre l'aria è invece solo una miscela di vari gas puri: azoto, ossigeno e altri in proporzione variabile. Sotto la generica denominazione di terra si riuniscono miscele anche molto diverse tra di loro in quanto a componenti e loro proporzioni; il fuoco, infine, di per sé non è neanche una sostanza ma l'effetto di una rapida combustione (una particolare reazione chimica) che sviluppa luce e calore.

Avviene poi che gli stessi elementi possono formare diversi composti; è a questa circostanza che si riferisce la legge di Dalton. Per esempio, il carbonio e l'ossigeno formano due differenti composti, oggi chiamati monossido di carbonio (CO) e biossido di carbonio (CO_2). Nel primo, per ogni grammo di carbonio ci sono sempre 1,33 g di ossigeno; nel secondo, per ogni grammo di carbonio ci sono sempre 2,66 g di ossigeno. In ciascuno dei due casi, il rapporto fisso in peso tra gli elementi componenti altro non è che la legge di Proust. Dalton osserva che inoltre il rapporto tra le quantità di ossigeno che nei due composti si legano con 1 g di carbonio è un rapporto semplice, ossia 1:2. Questo è sempre vero per composti diversi degli stessi elementi e costituisce appunto la legge di Dalton: se due elementi *A* e *B* formano tra di loro più di un composto, allora il rapporto tra le masse di *B* che si combinano con una massa fissata di *A* è dato da un rapporto tra numeri interi piccoli. Un altro esempio sono i due composti tra zolfo e ossigeno (biossido di zolfo SO_2 e triossido di zolfo SO_3): a 1 g di zolfo si legano 1 g di ossigeno nel primo e 1,5 g di ossigeno nel secondo; il rapporto tra le due masse di ossigeno è 2:3.

È evidente come questi dati puntino fortemente a una struttura discreta della materia. Dalton interpretava la legge di Lavoisier e quella di Proust in chiave atomistica e la legge delle proporzioni multiple da lui scoperta lo convinse ancora di più dell'esistenza di atomi di specie diverse che corrispondono ai diversi elementi.

L'atomo di Dalton

Nel 1808, duecento anni circa dopo il *Sidereus Nuncius* di Galilei, John Dalton pubblica *A New System of Chemical Philosophy* ("Un nuovo sistema di filosofia chimica"), in cui per la prima volta viene presentata una teoria atomica scientifica, basata cioè su dati sperimentali e in grado di spiegarli e di fare delle previsioni quantitative verificabili.

Figura 3.1 John Dalton ritratto da Thomas Phillips (1835).

Dalton fa una fondamentale assunzione: gli elementi chimici, sostanze che non possono essere ulteriormente scomposte con mezzi chimici, sono costituiti da parti ultime, atomi indivisibili e indistruttibili. Gli atomi di un dato elemento sono tutti uguali tra di loro, hanno cioè la stessa massa, dimensione e altre proprietà. Atomi di elementi diversi hanno una diversa massa, dimensione e altre proprietà e si combinano secondo rapporti interi per formare i composti chimici. Nelle reazioni chimiche gli atomi semplicemente si ridistribuiscono tra i composti mantenendo le loro proprietà. I composti chimici hanno pure delle parti ultime che Dalton chiama "atomi composti", identificabili con le molecole.

Il concetto di elemento viene così reintrodotto e collegato a quello di atomo; la materia non è dunque una realtà unitaria come per i meccanicisti, ma si differenzia in diverse sostanze elementari, ognuna costituita da un tipo specifico di atomo.

Si vede come la teoria atomica di Dalton sia perfettamente adeguata a spiegare, oltre che la conservazione della massa, le leggi empiriche che prevedono rapporti interi in peso tra le quantità macroscopiche degli elementi che nelle reazioni formano i composti, come la legge delle proporzioni definite e la legge delle proporzioni multiple.

Un'altra legge di questo genere, prevista dalla teoria di Dalton e da lui stesso confermata sperimentalmente, è quella delle proporzioni relative. Consideriamo due elementi *A* e *B* ciascuno dei quali forma un composto con un terzo elemento *C*; siano *a* e *b* rispettivamente i pesi di *A* e *B* che si combinano con un peso fissato di *C*. Allora se *A* e *B* formano anche un composto tra di loro, i pesi dei due elementi nel composto staranno in rapporto *a*:*b* (o un multiplo semplice di questo).

Per la prima volta delle misure sperimentali, quelle del peso di reagenti e prodotti eseguite con uno strumento di sufficiente precisione, la bilancia, portavano a determinare una proprietà degli atomi: il loro peso appunto, espresso come multiplo di un'unità convenzionale, il peso dell'atomo di idrogeno posto pari a 1. Al tempo di Dalton il valore assoluto del peso dell'atomo di riferimento non era noto. Secondo la definizione odierna l'unità di massa atomica, simbolo "u", chiamata anche dalton con simbolo "Da", è la dodicesima parte della massa dell'atomo del carbonio-12.

In definitiva, Dalton stabilisce che i pesi relativi macroscopici degli elementi nei composti corrispondono ai pesi relativi degli atomi. Si apre così la strada per ricavare i secondi dalla conoscenza dei primi. Dalton costruì in effetti una tabella di pesi atomici per un certo numero di elementi, cominciando da idrogeno, ossigeno, azoto, carbonio, zolfo e fosforo.

L'ipotesi di semplicità

Questa operazione non è però così immediata, dato che la composizione ponderale macroscopica non è sufficiente a determinare univocamente quella microscopica. In assenza di ulteriori dati o di ipotesi addizionali il problema, come si dice, è sottodeterminato. Per superare questa difficoltà Dalton aggiunge alla sua teoria un'ipotesi controversa che ritroviamo anche in altre circostanze nel cammino della scienza, quella della semplicità della natura: la composizione atomica è la più semplice possibile compatibilmente con i dati sperimentali.

Per esempio, a Dalton era noto che 8 g di ossigeno si legano con 1 g di idrogeno per formare 9 g di acqua. Ora, la composizione atomica dell'acqua potrebbe essere HO, H_2O, HO_2 (o ancora diversa); il peso dell'atomo di ossigeno sarebbe rispettivamente 8, 16, 4 volte quello di idrogeno, rispettando in ogni caso il rapporto ponderale macroscopico di 8 a 1. Applicando l'ipotesi della semplicità, Dalton assunse che la composizione elementare dell'acqua fosse data da un atomo di ossigeno per ogni atomo di idrogeno (HO); assegnò pertanto all'atomo di ossigeno un peso pari a 8 volte quello dell'atomo di idrogeno. L'ipotesi di semplicità in questo caso ha condotto a un risultato errato.

I chimici dovettero indagare per diversi decenni prima di arrivare a dei pesi atomici relativi corretti per gli elementi allora conosciuti. Un'indagine certamente resa più difficile dall'ignorare l'esistenza degli isotopi (varianti di uno stesso elemento chimico che differiscono solo per il numero di neutroni), scoperti soltanto nel 1913.

Determinanti a tal proposito furono i risultati di Jacob Berzelius (1779-1848), considerato insieme a Boyle, Lavoisier e Dalton uno dei fondatori della chimica moderna. Mediante qualcosa come duemila esperimenti condotti in un laboratorio scarsamente attrezzato, Berzelius nel decennio che va dal 1808 al 1818 stabilì i pesi atomici di quaranta elementi, assegnando tra l'altro il corretto peso atomico all'ossigeno, pari (approssimativamente) a 16. Nel 1827 pubblicò poi una tabella migliorata di pesi atomici, a cui aggiunse inoltre quelli di altri due elementi, il cloro e l'azoto. Un altro fondamentale contributo del chimico svedese è stata la scoperta di diversi nuovi elementi, tra cui litio, silicio, selenio, titanio, torio e vanadio.

Berzelius fece osservare che, se è vero che l'ipotesi atomica spiega i risultati sperimentali allora conosciuti, è anche vero che questa ipotesi non è però necessaria. Anziché assumere la reale esistenza degli atomi, si può spiegare comunque tutto assumendo solo la validità delle leggi delle proporzioni: i due approcci sono empiricamente equivalenti. Berzelius si sforzò perciò di descrivere la chimica in una maniera che fosse indipendente dall'assunzione o meno dell'ipotesi atomica.

Dalton rappresentava gli elementi con cerchietti, marcati da un apposito simbolo grafico, di chiara derivazione alchimistica ma che tuttavia richiamano l'idea di atomo immaginato come una sferetta; i composti a loro volta vengono rappresentati come aggregati di sferette.

Nel testo di Dalton vengono illustrati così venti elementi e diciassette composti. Circa la consistenza di queste sferette, Dalton speculava che un atomo avesse una parte centrale pesante e che il resto fosse pieno di calorico, un presunto fluido leggero che secondo la (errata) concezione dell'epoca costituiva il calore.

Fu Berzelius nel 1814 a introdurre invece una rappresentazione "neutrale" rispetto all'ipotesi degli atomi: quella mediante formule, con simboli letterali e numeri, che sono sostanzialmente quelle tuttora utilizzate e che si sono rivelate di straordinaria utilità pratica. Una formula del tipo A_mB_n può rappresentare una molecola formata da m atomi dell'elemento A e da n atomi dell'elemento B; oppure, molto semplicemente, una quantità qualsivoglia formata da *m* unità ponderali o volumetriche dell'elemento *A* e da *n* unità ponderali o volumetriche dell'elemento *B*.

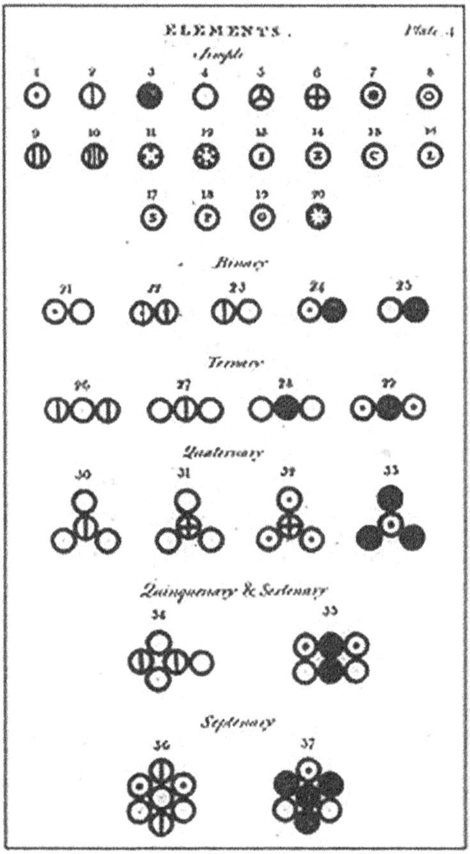

Figura 3.2 Elementi e composti secondo Dalton.

Secondo la posizione filosofica empirista per cui la conoscenza viene esclusivamente o primariamente dall'esperienza sensibile, l'ipotesi atomica di Dalton sarebbe del tutto superflua e quindi da scartare.

Tuttavia, una visione più razionalista assegnerebbe un ruolo essenziale all'elaborazione intellettuale dei dati sperimentali e alla spiegazione unitaria degli stessi che così si ottiene.

Effettivamente, però, all'epoca di Dalton e Berzelius l'esistenza degli atomi, per quanto plausibile, poteva apparire come una mera ipotesi *ad hoc*. Gli atomi non vengono osservati direttamente, ma l'evidenza a loro supporto è necessariamente indiretta; affinché sia convincente, questa evidenza deve essere suffragata da un certo numero di fenomeni indipendenti tra loro. Bisognerà giungere a considerare altre proprietà degli atomi oltre al peso. Un'intuizione che era balenata allo stesso Berzelius, il quale attribuiva all'attrazione elettrostatica il legame tra gli atomi a formare le molecole.

Nel 1860 la questione dei pesi atomici relativi in chimica poteva essere considerata risolta, grazie al contributo fondamentale di Stanislao Cannizzaro (1826-1910) presentato nello storico congresso di Karlsruhe, il primo simposio internazionale di chimica del mondo. Cannizzaro si basava sui risultati di Amedeo Avogadro (1776-1856), che nel 1811 aveva proposto la legge che porta il suo nome: volumi uguali di gas diversi, alla stessa temperatura e pressione, contengono lo stesso numero di molecole.

Conferme dell'atomismo

La definitiva conferma della teoria atomica sarà però ottenuta non dalla chimica ma dalla fisica. Un percorso che passa per la teoria cinetica dei gas e il moto browniano da una parte, la scoperta dell'elettrone, dei raggi X e della radioattività dall'altra.

Grazie all'accumularsi di prove sperimentali, l'ipotesi atomica come inferenza alla migliore spiegazione che connetta tra loro fenomeni molto diversi acquistò sempre più forza. Ciononostante, per tutto l'Ottocento ci furono sempre coloro che si rifiutavano di accettare l'esistenza di entità "non osservabili", come Wilhelm Ostwald (1853-1932), Pierre Duhem (1861-1916) e soprattutto Ernst Mach (1838-1916), il quale polemicamente chiedeva: "Si possono vedere gli atomi?". Finché, all'inizio del Novecento e cento anni circa dopo

A New System of Chemical Philosophy di Dalton, nessuno poté più sollevare seri dubbi sulla reale esistenza degli atomi.

L'errore concettuale di Mach consiste nel ritenere che le entità percepibili tramite la nostra esperienza sensoriale immediata (potenziata o meno da appositi artefatti come le lenti) esauriscano le entità fisiche realmente esistenti. Gli atomi non si vedono perché sono inimmaginabilmente piccoli, ma la loro esistenza è dimostrata indirettamente da un gran numero di fenomeni macroscopici direttamente osservabili; con ciò viene quindi esteso il significato stesso del termine "osservabile".

Nel modello della teoria cinetica si assume che un gas sia composto da molecole in moto casuale: per la prima volta viene introdotto così il concetto di probabilità in una teoria fisica. Essendo in grado di spiegare quantitativamente una serie di proprietà e risultati empirici macroscopici, la teoria fornisce un forte supporto all'ipotesi atomistica. La teoria cinetica, di cui parleremo ancora più avanti, ha le sue fondamenta nell'*Hydrodynamica* di Daniel Bernoulli (1700-1782) del 1738 ed è stata messa a punto nella seconda metà dell'Ottocento da James Clerk Maxwell (1831-1879). Poi Ludwig Boltzmann (1844-1906) generalizzò la teoria di Maxwell fondando quello che è oggi considerato uno dei pilastri della fisica: la meccanica statistica, la quale si occupa di ogni tipo di sistemi fisici, non solo gas, in cui il numero di parti elementari costituenti è estremamente grande.

C'è poi un'intera categoria di fenomeni fisici che hanno giocato un ruolo fondamentale nell'affermazione dell'atomismo: fenomeni che mostrano come dagli atomi venga fuori "qualcosa", chiaro indizio del fatto che gli atomi esistono ma anche che non sono affatto indivisibili (pur se poi hanno mantenuto il nome).

Questo qualcosa che fuoriesce viene chiamato con il nome generico "raggi", termine geometrico che evidenzia la linea di propagazione, oppure "radiazioni", termine che invece mette in evidenza la fuoriuscita e il trasporto di energia. Il fenomeno può avvenire in due modi: mediante onde elettromagnetiche o mediante particelle materiali.

A metà dell'Ottocento Anders Jonas Ångström (1814-1874) condusse uno studio dei raggi luminosi emessi dai gas incandescenti, ponendo così le basi per il successivo sviluppo della tecnica della spettroscopia. Il fenomeno dell'emissione di spettri elettromagnetici discreti da parte dei diversi elementi giocherà un ruolo fondamentale, come vedremo, nel condurre al modello atomico di Bohr.

Se però la spettroscopia inizialmente non venne posta in relazione con l'ipotesi atomica, i fenomeni emissivi osservati alla fine di quel secolo costituirono al contrario un indizio ineludibile. Nell'arco temporale di soli quattro anni fu fatta una serie di scoperte chiave:

- nel 1895 Wilhelm Conrad Röntgen (1845-1923) scoprì i raggi X;
- nel 1896 Antoine Henri Becquerel (1852-1908) scoprì la radioattività naturale;
- nel 1897 Joseph John Thomson (1856-1940) scoprì l'elettrone;
- nel 1898 Marie Skłodowska Curie (1867-1934) e Pierre Curie (1859-1906) scoprirono gli elementi radioattivi radio e polonio.

Poi nel 1908 Ernest Rutherford (1871-1937) scoprì il nucleo.

L'emissione dalla materia di elettroni e di raggi X (una radiazione elettromagnetica di elevata frequenza) portò alla conferma definitiva dell'esistenza degli atomi. E, contemporaneamente, alla conferma che gli atomi hanno una struttura interna e delle parti componenti, le quali oltre alla massa possiedono un'altra fondamentale proprietà fisica: la carica elettrica.

Se l'atomo è un sistema di parti elettricamente cariche legate per mezzo dell'interazione elettromagnetica, allora che particelle materiali e onde elettromagnetiche possano venire emesse dall'atomo in determinate circostanze fisiche è proprio quello che ci si aspetta. Immaginiamo infatti di fornire dall'esterno energia all'atomo: la sua energia interna aumenta e può poi tornare al suo livello normale restituendo l'eccesso all'esterno sotto forma di radiazione elettromagnetica. Qualora l'energia fornita sia sufficiente, può inoltre avvenire che una parte componente elettricamente carica venga liberata completamente dal legame e fuoriesca dall'atomo.

Invece il fenomeno della radioattività, ossia l'esistenza di tre particolari radiazioni chiamate alfa, beta (entrambe particellari) e gamma (onde elettromagnetiche di frequenza superiore ai raggi X), occupa una posizione diversa. Da una parte questo fenomeno, in quanto "fuoriuscita" di qualcosa dagli atomi, contribuì in maniera determinante all'affermazione dell'ipotesi atomica. D'altra parte ci è oggi noto che la radioattività riguarda specificamente la struttura del nucleo, dal quale provengono i tre tipi di raggi. Di conseguenza i dettagli del fenomeno si riferiscono a una scala diversa, quella nucleare, e non occorre prenderli in considerazione ai fini di un'analisi della struttura generale dell'atomo.

L'atomo nel suo complesso ha una massa ma è elettricamente neutro, essendo formato da un'uguale quantità di cariche positive e negative. Da notare che la massa e la carica sono proprietà intrinseche di un oggetto fisico, in contrapposizione ad altre grandezze fisiche (come posizione, velocità, accelerazione, momento lineare e angolare, energia cinetica e potenziale) che sono invece grandezze dinamiche che dipendono dallo specifico moto eseguito.

La scoperta della struttura interna dell'atomo a sua volta comportò la scoperta di una nuova fisica, la meccanica quantistica, perché oltre alla discretezza della materia e della carica elettrica si evidenziò la discretezza dell'energia e di altre grandezze fisiche. Soprattutto, emerse che i componenti fondamentali della materia sono ben lontani dall'essere una sorta di sferette che eseguono una ben determinata traiettoria.

Ad ogni modo, è proprio la struttura degli atomi che in definitiva ne determina le proprietà chimiche e fisiche, come la capacità di legarsi a formare molecole e strutture più complesse, legame che è di natura elettromagnetica.

4
Onde elettromagnetiche

Elettricità e magnetismo

Era noto fin dall'antichità che dei pezzi di ambra, una resina fossile, se strofinati possono attirare piume e altri oggetti leggeri; si tratta di quei fenomeni che oggi chiamiamo produzione di elettricità statica per strofinamento e induzione elettrostatica. Pure noti erano altri fenomeni come le scariche generate da specie di pesci elettrofori e, naturalmente, i fulmini, sebbene non se ne conoscesse una spiegazione né tanto meno la loro comune origine di tipo elettrico.

Gli antichi avevano anche notato che dei pezzi di magnetite, un minerale dotato di magnetismo naturale, possono attirare il ferro. Così come il fatto che un ago magnetizzato libero di ruotare si orienta quasi esattamente nella direzione sud-nord a causa del magnetismo terrestre. L'invenzione della bussola, prezioso ausilio per la navigazione e in generale per l'orientamento in luoghi privi di punti di riferimento, risale a più di duemila anni fa in Cina. Alexander Neckam (1157-1217) nel 1187 fu il primo in Europa a descrivere la bussola magnetica e il suo impiego nella navigazione.

A parte questa applicazione pratica, fino al Seicento i fenomeni elettrici e magnetici che si conoscevano vennero però considerati poco più che semplici curiosità, ovvero manifestazioni di quelle proprietà nascoste possedute da specifiche cose che secondo il sapere magico potevano instaurare invisibili connessioni e attrazioni a distanza, come quella tra il Sole e il girasole che lo segue o tra la Luna e le maree. I due fenomeni venivano anche spesso confusi tra di loro, come si verifica per Talete di Mileto (c. 624-546 a.C.), il quale pensava che il processo di strofinamento dell'ambra la rendesse magnetica.

Nel 1600 comparve il *De Magnete* di William Gilbert (1544-1603), primo trattato sistematico in cui l'autore riporta le sue investigazioni sperimentali (sebbene ancora di tipo qualitativo) su elettricità e magnetismo. Gilbert, un appassionato oppositore della filosofia scolastica, tracciò una netta distinzione tra i due tipi di fenomeno, trovando che comunque in entrambi i casi la forza di attrazione diminuisce con la distanza; identificò anche la forza repulsiva nel caso magnetico, ma non fu in grado di scoprirla nel caso elettrico. A Gilbert si deve anche l'introduzione del nuovo aggettivo latino *electricus*, entrato poi in tutte le lingue, per descrivere le proprietà attrattive dell'ambra, sostanza denominata ἤλεκτρον (*elektron*) in greco ed *electricum* in latino classico.

L'opera di Gilbert aprì la strada allo studio scientifico dell'elettricità e del magnetismo, costituì un testo di riferimento sull'argomento ed esercitò un'influenza sugli studiosi suoi contemporanei, compresi Keplero e Galilei. Per tutto il Seicento, però, non ci furono altri passi avanti; per assistere all'enorme progresso nel settore, nonché alle conseguenti sbalorditive applicazioni tecnologiche, bisogna attendere il Settecento e soprattutto l'Ottocento.

A differenza di quanto fa per la gravità, lo stesso Newton non propone infatti un'espressione matematica per la forza elettrica né per quella magnetica, ma si occupa solo marginalmente della questione in due dei quesiti (questioni aperte poste sotto forma di domande retoriche) elencati nel terzo libro della sua opera sulla luce *Optiks*, pubblicata nel 1704 e poi estesa in successive edizioni fino al 1718.

Nel primo quesito Newton si interroga sull'idea di Gilbert secondo cui le forze elettrica e magnetica siano dovute a un "effluvio", un fluido materiale privo di peso, emanato dal corpo coinvolto in tutto lo spazio circostante e in grado di passare attraverso gli altri corpi. Nel secondo quesito viene invece chiesto se, al contrario, le forze in questione siano esempi di azioni a distanza.

Coulomb

Fu Charles Augustin de Coulomb (1736-1806) che nel 1785, grazie a esperimenti quantitativi con la bilancia di torsione (uno strumento da lui stesso messo a punto), fornì la legge della forza elettrica (chiamata in questo caso anche elettrostatica), la quale ha una forma del tutto simile a quella della forza di gravità; in modulo:

$$F = k_e \frac{q_1 q_2}{d^2}$$

Coulomb stabilì cioè che due corpi di carica elettrica q_1 e q_2 posti a una distanza d esercitano vicendevolmente una forza agente lungo la congiungente i due corpi, direttamente proporzionale al prodotto delle cariche e inversamente proporzionale al quadrato della distanza, secondo una costante della natura k_e. Nel Sistema Internazionale, in cui l'unità di misura della carica elettrica è il Coulomb (simbolo "C"), il valore numerico di questa costante nel vuoto è:

$$k_e = 8{,}9876 \cdot 10^9 \text{ Nm}^2 / \text{C}^2$$

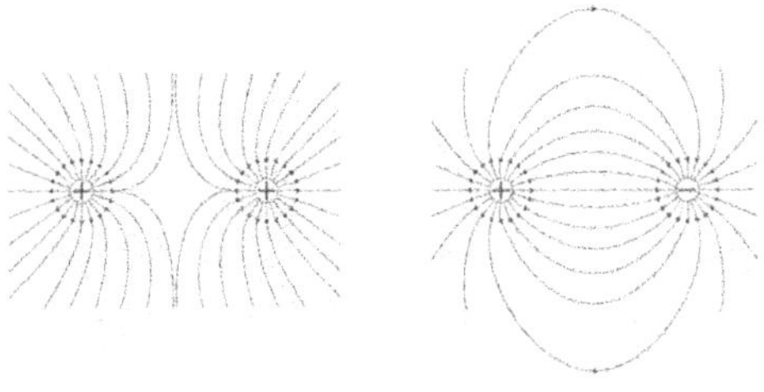

Figura 4.1 Cariche elettriche positive e negative.

Un'essenziale differenza tra la forza gravitazionale e quella elettrica è che mentre la massa è sempre positiva, la carica elettrica può essere sia positiva sia negativa: la forza tra due cariche di segno opposto è attrattiva, la forza tra due cariche dello stesso segno è repulsiva. Questo vuol dire che, mentre la forza gravitazionale agisce sempre in modo da concentrare le masse, la forza elettrica agisce in maniera contraria, poiché tende a separare le cariche con lo stesso segno; le cariche di segno opposto vengono invece radunate. Se un oggetto nel suo complesso (esaminato a una certa distanza) ha carica elettrica nulla, può quindi avvenire che questa sia una sua caratteristica intrinseca oppure che le parti che lo compongono abbiano cariche elettriche uguali e opposte.

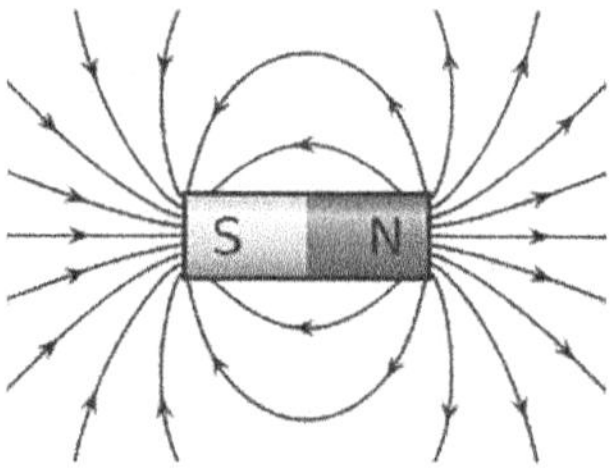

Figura 4.2 Poli magnetici nord e sud di una calamita.

Come avviene per l'elettricità, anche il magnetismo si presenta in due forme diverse. Le due estremità di una calamita, dette poli, si comportano in maniera opposta dal punto di vista magnetico. Piuttosto che di polo positivo e negativo, prendendo riferimento dal magnetismo terrestre si parla di polo magnetico nord e di polo magnetico sud, indicati rispettivamente con N e S. In maniera analoga al caso elettrico, poli magnetici opposti si attraggono, poli magnetici con lo stesso nome si respingono.

Mentre però le cariche elettriche, positive o negative, esistono singolarmente, i poli magnetici non possono essere isolati. Se si spezza a metà una calamita non si ottiene un polo nord e un polo sud separati, bensì due calamite che dal punto di vista magnetico sono del tutto identiche all'originale, poiché ciascuna di esse possiede ancora un polo nord e un polo sud magnetici. Si dice allora che il monopolo magnetico non esiste: l'entità magnetica elementare è sempre un dipolo, insieme inscindibile di entrambe le polarità magnetiche.

Coulomb verificò che anche la forza di attrazione o repulsione statica tra due poli magnetici è inversamente proporzionale al quadrato della distanza. Tuttavia non trovò alcuna connessione tra elettricità e magnetismo e, come Gilbert, riteneva che si trattasse di fenomeni dovuti all'emissione di un fluido, ovviamente diverso nei due casi.

Il concetto di campo

L'idea che una forza sia esercitata per mezzo dell'emissione di "qualcosa" trova una certa analogia nel moderno concetto di campo.

In generale, in fisica si intende per "campo" molto semplicemente una grandezza fisica definita in tutti i punti (di una regione) dello spazio; per esempio, per un mezzo esteso si parla di campo di temperatura, campo di pressione, campo di densità e così via. Il campo può essere scalare o vettoriale se tale è la grandezza fisica che lo definisce e può essere variabile nel tempo o meno. Il particolare tipo di campo vettoriale che ci interessa da vicino è il cosiddetto "campo di forze".

Supponiamo per esempio che in un punto dello spazio sia posta una carica q_1. Conseguenza di questo è che qualunque altra carica q_2 verrà a subire una forza F, data dalla legge di Coulomb, se posta a una generica distanza d dalla prima. Una maniera utile per descrivere questa circostanza è allora dire che la prima carica crea un campo di forze (in questo caso elettrostatiche) in tutto lo spazio attorno a sé e che la seconda lo subisce. Per essere utilizzabile, la nozione di campo di forze così definito deve essere indipendente dalle cariche che subiscono una forza per suo effetto, deve dipendere invece solo dalla carica che lo crea, la sua sorgente. Si usa allora definire il campo come forza unitaria, forza per unità di carica nel caso del campo elettrico.

Il processo fisico dell'interazione si spezza concettualmente in due parti. La prima parte è che la presenza di una carica q_1 crea un campo elettrico $\boldsymbol{E}$ radiale di modulo

$$E = k_e \frac{q_1}{d^2}$$

in ogni punto dello spazio; il valore del campo dipende dalla distanza d dalla carica stessa. La seconda parte è che in presenza di un campo elettrico $\boldsymbol{E}$ in un punto dello spazio, una carica q_2 che vi si trovi subisce una forza $\boldsymbol{F}$ diretta come il campo elettrico e di modulo

$$F = q_2 E$$

Questo può essere fatto anche per altri tipi di forza. Per esempio quella gravitazionale: basta definire il campo gravitazionale come forza per unità di massa

$$\Gamma = G \frac{m_1}{d^2}$$

dipendente solo dalla massa m_1 che lo crea; in presenza di un campo gravitazionale Γ una massa m_2 subisce la forza

$$F = m_2 \Gamma$$

Sino a ora, il campo non ha un significato fisico autonomo; si tratta semplicemente di un approccio spesso molto comodo nell'esecuzione dei calcoli e per questo usato frequentemente.

Com'è consuetudine, usiamo la stessa lettera E per indicare sia l'energia sia il campo elettrico: risulta chiaro dal contesto di quale grandezza si parla.

Maxwell

L'unificazione tra elettricità e magnetismo si compì grazie a una serie di scoperte nella prima metà dell'Ottocento e fu suggellata dalle celebri equazioni di Maxwell, che questi pubblicò nel 1865 in *A Dynamical Theory of the Electromagnetic Field* ("Una teoria dinamica del campo elettromagnetico"), quando insegnava al King's College di Londra.

Figura 4.3 Targa commemorativa delle equazioni di Maxwell al King's College di Londra.

Si tratta di una mirabile sintesi che riunisce e integra i fondamentali contributi di Hans Christian Ørsted (1771-1851), André-Marie Ampère (1775-1836), Carl Friedrich Gauss (1777-1855), Jean-Baptiste Biot (1774-1862), Félix Savart (1791-1841), Michael Faraday e dello stesso James Clerk Maxwell: pietra miliare della scienza ma anche di grande suggestione estetica. Assieme alla legge della forza di Lorentz, dal nome di Hendrik Lorentz (1853-1928), queste equazioni descrivono tutti i fenomeni elettromagnetici.

Nel suo *Vorlesung über Maxwells Theorie der Elektrizität und des Lichts* ("Lezioni sulla teoria di Maxwell dell'elettricità e della luce") del

1893, Ludwig Boltzmann citò quattro versi (leggermente modificati) dal *Faust* di Johann Wolfgang von Goethe (1749-1832):

War es ein Gott, der diese Zeichen schrieb,
Die mit geheimnisvoll verborg'nem Trieb
Die Kräfte der Natur um mich enthüllen
Und mir das Herz mit stiller Freud erfüllen?

Fu un dio a scrivere questi segni,
che con impeto misteriosamente celato
svelano le forze della natura intorno a me
e mi riempiono il cuore di quieta gioia?

La prima illuminante scoperta è che mentre il campo elettrico viene creato dalle cariche elettriche, il campo magnetico viene creato dalle correnti, ossia da cariche elettriche in moto. Si dice perciò che cariche e correnti (o cariche in moto) sono le sorgenti del campo elettromagnetico. A livello fondamentale, quindi, la proprietà della materia coinvolta nei fenomeni elettromagnetici è la carica elettrica. Una carica in quiete nel sistema di riferimento considerato crea solo un campo elettrico; una carica in moto con velocità v non nulla crea sia un campo elettrico sia un campo magnetico.

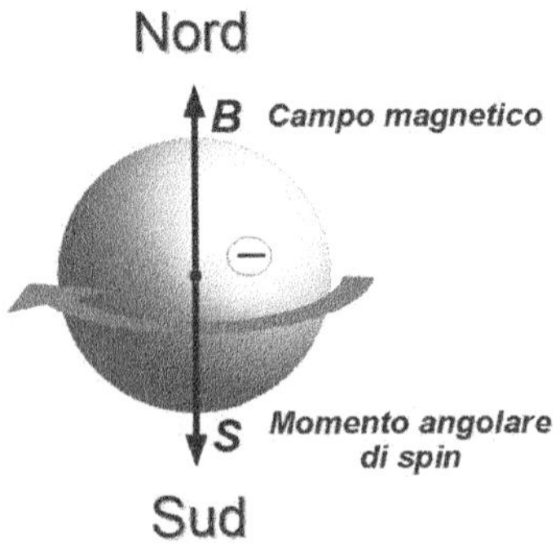

Figura 4.4 Dipolo magnetico di una particella negativa rotante.

In particolare, una particella carica che percorre un'orbita chiusa si comporta come una piccola calamita con i suoi poli magnetici nord e sud, diretta perpendicolarmente al piano dell'orbita; lo stesso vale per una particella carica non puntiforme che ruota su se stessa, come nella figura 4.4. Questo vuol dire che al momento angolare, sia orbitale sia di spin, di una particella carica è sempre associato un campo magnetico di dipolo.

Si noti che il magnetismo di una calamita e quello della Terra sono fenomeni macroscopici complessi che, volendo semplificare molto, in ultima analisi hanno comunque a che fare con l'equivalente di cariche microscopiche in moto.

Detto questo per le sorgenti, il fatto che il campo elettromagnetico vada considerato un'unica entità si evince dalla circostanza che i suoi campi componenti $\boldsymbol{E}$ e $\boldsymbol{B}$ sono strettamente interconnessi. Secondo le equazioni di Maxwell, infatti, un campo elettrico variabile nel tempo crea un campo magnetico e, simmetricamente, un campo magnetico variabile nel tempo crea un campo elettrico. Dire che una regione dello spazio è sede di un campo elettromagnetico significa che in ogni punto di questa regione sono definiti due vettori: il vettore campo elettrico $\boldsymbol{E}$ e il vettore campo magnetico $\boldsymbol{B}$, in generale dipendenti dal tempo oltre che dal punto.

La forza di Lorentz

Nella tipica suddivisione del processo fisico in due parti, le equazioni di Maxwell permettono di ricavare i campi $\boldsymbol{E}$ e $\boldsymbol{B}$ date le sorgenti (e le condizioni al contorno), mentre la legge di Lorentz esprime la forza che subisce una carica q avente velocità $\boldsymbol{v}$ se sottoposta al campo elettromagnetico $\boldsymbol{E}$ e $\boldsymbol{B}$. Questa forza è la somma di due componenti: la forza elettrica $\boldsymbol{F}_E$ dovuta al campo elettrico e la forza magnetica $\boldsymbol{F}_B$ dovuta al campo magnetico. Una carica in quiete nel sistema di riferimento considerato subisce solo la forza elettrica; una carica in moto con velocità $\boldsymbol{v}$ non nulla subisce sia la forza elettrica sia la forza magnetica.

La forza elettrica è data da

$$F_E = qE$$

come già sappiamo; ha modulo qE e ha la stessa direzione di $\boldsymbol{E}$, con verso concorde o discorde a seconda che q sia positiva o negativa.

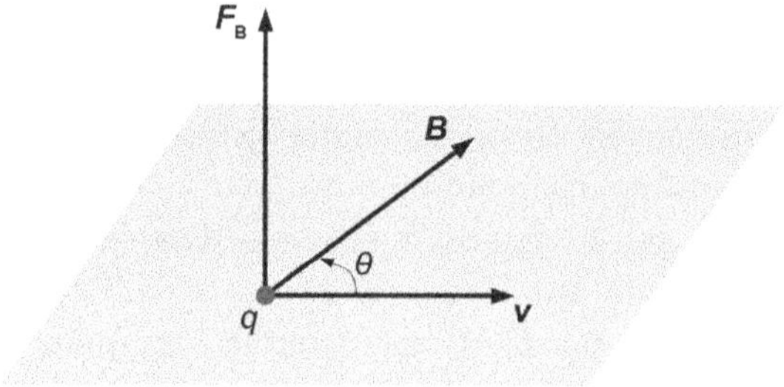

Figura 4.5 La forza magnetica.

Il legame tra forza magnetica e il campo magnetico invece è di tipo completamente diverso; questa forza infatti dipende sia dal campo magnetico sia dalla velocità ed è sempre perpendicolare a entrambi, come si vede nella figura 4.5. Il modulo della forza magnetica dipende inoltre dall'angolo θ tra $\boldsymbol{v}$ e $\boldsymbol{B}$:

$$F_B = qvB \cdot \sin\theta$$

La forza è nulla se la velocità è parallela al campo magnetico, assume invece il valore massimo in modulo, pari a qvB, quando la velocità è perpendicolare al campo magnetico. Si noti infine che il verso di $\boldsymbol{F}_B$ è dato dalla regola della mano destra immaginando di far ruotare $\boldsymbol{v}$ dell'angolo θ in modo da sovrapporsi a $\boldsymbol{B}$.

Sommando le due forze componenti, elettrica e magnetica, si ottiene l'espressione completa della forza, chiamata legge della forza di Lorentz.

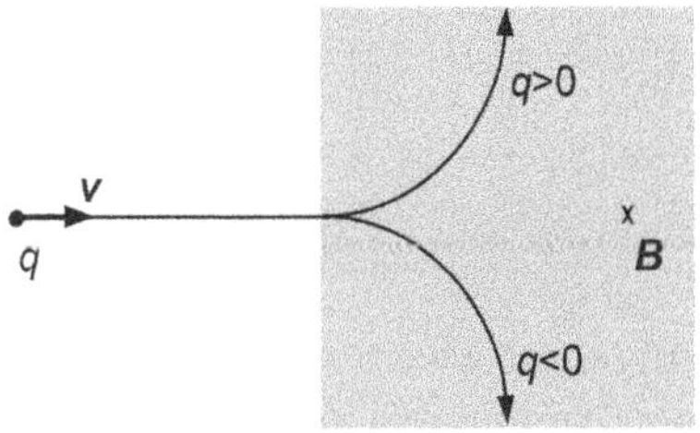

Figura 4.6 Traiettoria circolare in un campo magnetico.

La forza magnetica che agisce su una particella carica in moto, essendo sempre perpendicolare alla velocità di quest'ultima, le imprime un'accelerazione centripeta e pertanto le fa compiere una traiettoria curva. In tutti i punti della zona scura della figura 4.6 c'è un campo magnetico costante entrante nel foglio (la "x" rappresenta la coda del vettore). Di conseguenza, una particella che entra in questa zona da sinistra percorre un arco di circonferenza verso l'alto o verso il basso a seconda del segno rispettivamente positivo o negativo della sua carica.

Propagazione per onde

Dalle equazioni di Maxwell si deducono poi diverse importanti conseguenze. Innanzitutto la conservazione della carica elettrica, che pertanto in un processo fisico non può essere creata né distrutta ma solo ridistribuita.

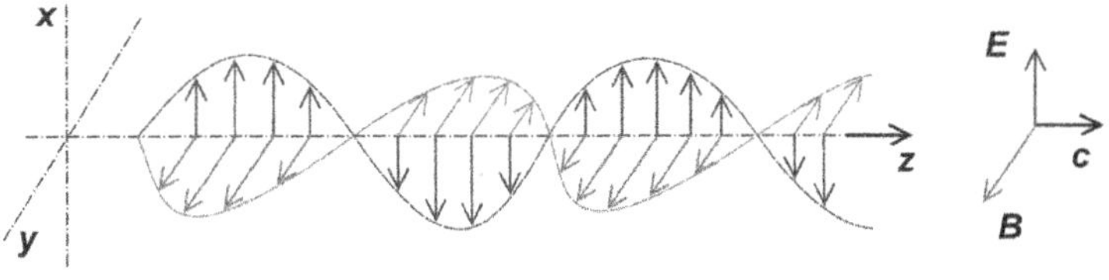

Figura 4.7 Onda elettromagnetica.

Probabilmente però la conseguenza che ha le più profonde implicazioni dal punto di vista concettuale è che il campo elettromagnetico si propaga per onde, come si vede nella figura 4.7. Nell'onda il campo elettrico e il campo magnetico sono sempre perpendicolari tra di loro e alla direzione di propagazione.

Poiché infatti un campo elettrico variabile produce un campo magnetico e viceversa, combinando tra loro le equazioni di Maxwell si ottiene un'equazione che ha la forma dell'equazione delle onde di d'Alembert, dal nome dell'enciclopedista Jean-Baptiste d'Alembert (1717-1783) che la studiò. L'equazione è nata storicamente dallo studio delle corde vibranti di uno strumento musicale e descrive la propagazione di un'onda meccanica e anche, appunto, elettromagnetica.

Si tratta di una previsione teorica ampiamente verificata a livello sperimentale, a partire dall'apparato costruito nel 1887 da Heinrich Hertz (1857-1897), in grado di produrre e rilevare le onde elettromagnetiche. Le onde elettromagnetiche sono comunque dappertutto nell'ambiente macroscopico con cui abbiamo a che fare quotidianamente.

Onde

Ricordiamo alcune nozioni generali riguardo le onde.

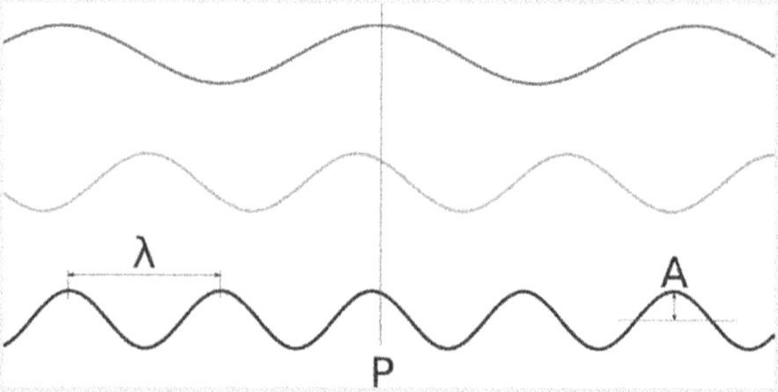

Figura 4.8 *Onde.*

Le onde della figura 4.8 possono rappresentare per esempio i valori dei campi **E** **B** nel caso elettromagnetico, oppure nel caso meccanico una corda che vibra o le onde del mare.
Immaginiamo che nella figura le onde viaggino verso destra con una *velocità* v (pari a c per le onde elettromagnetiche nel vuoto).
La *lunghezza d'onda* λ è la distanza spaziale tra due massimi (o due minimi) e si misura in metri.
L'*ampiezza* A dell'onda è data dal suo valore massimo (picco) rispetto al valore medio. Per un'onda elettromagnetica l'ampiezza è data dal valore di picco del campo elettrico E_{max} o del campo magnetico B_{max}.
La *frequenza* f di un'onda è il numero di cicli al secondo e si misura in Hertz, simbolo "Hz". Se ci poniamo in un qualunque punto spaziale fissato come P vediamo passare i picchi di ciascuna onda con una frequenza temporale f; contiamo cioè f picchi al secondo. La grandezza f è direttamente proporzionale a v e inversamente proporzionale a λ:

$$f = \frac{v}{\lambda}$$

Questo fatto è del tutto intuitivo: il numero di picchi che arrivano in P nell'unità di tempo è tanto maggiore quanto più alta è la velocità dell'onda v e quanto minore è la distanza tra i picchi stessi λ. In conseguenza di questa relazione di proporzionalità inversa, data la velocità si può fare riferimento indifferentemente alla frequenza o alla lunghezza d'onda. Le tre onde della figura 4.8 hanno dall'alto in basso lunghezza d'onda decrescente e quindi frequenza crescente.
In un fissato istante iniziale t_0 un'onda può avere in P un massimo, un minimo, o qualunque valore intermedio tra questi. Oltre che da una frequenza (o lunghezza d'onda) e da un'ampiezza, un'onda è caratterizzata perciò anche da una *fase* rispetto a un riferimento.

Le onde nella figura 4.8 sono onde pure o armoniche: hanno forma sinusoidale e sono caratterizzate da una singola frequenza; si dice anche quindi che sono monocromatiche (per la precisione, sono anche onde trasversali piane). In generale, un'onda è composta dalla somma di più onde armoniche elementari, ciascuna con una sua data frequenza, ampiezza e fase; esibisce cioè uno spettro continuo o discreto di frequenze, più o meno esteso, e può avere una forma spaziale qualunque.

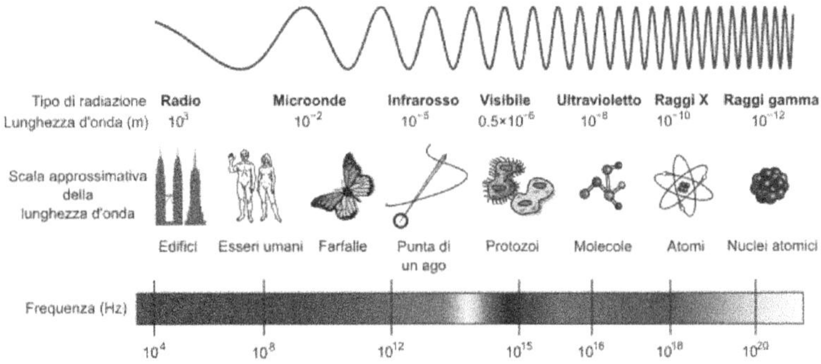

Figura 4.9 Lo spettro elettromagnetico.

Nella figura 4.9 si può vedere l'estensione dello spettro elettromagnetico, dalle onde radio ai raggi gamma, in ordine crescente di frequenza e decrescente di lunghezza d'onda. La scala della lunghezza d'onda viene confrontata con quella di oggetti materiali. Lo spettro visibile è una piccola fetta che va all'incirca da 700 nm a 400 nm (nanometri, ossia 10^{-9} m), dal rosso al violetto. Come previsto dalle equazioni di Maxwell, l'onda elettromagnetica possiede e scambia energia, momento lineare (infatti può esercitare una pressione su una superficie) e anche momento angolare.

L'effetto fisico del trasferimento di energia da parte di un'onda, (come il riscaldamento o annerimento di una superficie, il livello della percezione sonora o visiva, la penetrazione in un materiale) dipende dalla media temporale dell'energia che l'onda trasferisce per unità di tempo e di superficie. Questa grandezza media si chiama *intensità* I dell'onda ed è quella effettivamente misurabile; la misura dell'energia istantanea pone invece grosse difficoltà per campi rapidamente variabili. Poiché l'energia per unità di tempo è la potenza e si misura in watt, simbolo "W", l'intensità di un'onda si misura in W/m^2. Per esempio, l'intensità della radiazione elettromagnetica solare che arriva sulla superficie della Terra è dell'ordine di 1000 W/m^2.

Per un'onda monocromatica si trova che l'intensità I è proporzionale al quadrato dell'ampiezza A^2, quindi nel caso elettromagnetico a $(E_{max})^2$ o equivalentemente a $(B_{max})^2$.

L'intensità di una radiazione viene definita non solo per il caso ondulatorio ma anche per quello particellare. Per una radiazione costituita da un fascio di particelle l'intensità è data dal numero N di particelle incidenti per unità di tempo e per unità di superficie, moltiplicato per la loro energia cinetica: $I=N \cdot E_k$.

Data l'uguaglianza nella forma tra la legge della gravità di Newton e la legge di Coulomb, si potrebbe supporre che anche per quest'ultima sussista il problema concettuale dell'azione a distanza. Entrambe queste leggi descrivono una situazione statica, ma che cosa succede se vengono variate rispettivamente le masse o le cariche coinvolte, oppure la distanza che le separa?

La teoria della gravità newtoniana è tutta in quella legge, vale solo per una configurazione statica di masse e non include una parte dinamica che descriva il passaggio da una configurazione a un'altra. Di conseguenza, attenendoci a questo modello possiamo solo dire che le nuove forze si instaurano istantaneamente. Detto in termini di campo, il campo gravitazionale creato da un insieme di masse cambia istantaneamente quando si cambia posizione e valore di queste masse. Questo è il motivo per cui la formulazione della gravità newtoniana in termini di campo è un mero ausilio pratico e non ha un significato autonomo. È solo con la gravità einsteiniana, ossia la teoria della relatività generale, che viene introdotta una dinamica del campo gravitazionale.

Diversamente avviene per la legge di Coulomb, perché questa legge statica rappresenta solo un caso particolare di una teoria più ampia che è quella dell'elettromagnetismo di Maxwell, la quale include una dinamica. Per modificare la posizione di una carica in quiete in un punto A bisogna accelerarla. La teoria di Maxwell prevede allora che si crei un'onda elettromagnetica (come avviene con le cariche che si muovono avanti e indietro in un'antenna), la quale si propaga con la velocità finita benché elevatissima *c*. Con questa velocità finita l'onda trasporta fino a un punto B l'informazione fisica (sotto forma di energia, momento lineare e momento angolare) che è avvenuta quella modifica, passando con continuità per tutti i punti del percorso tra A e B. Perciò una seconda carica posta in un punto B a distanza *d* dalla prima "sentirà" questa modifica solo dopo un tempo finito pari a d/c. Un processo fisico locale, senza alcuna azione a distanza.

Al pari della perturbazione provocata dalla pietra nello stagno, dunque, una perturbazione del campo elettromagnetico provocata in un punto si propaga in maniera ondulatoria nello spazio circostante. A partire da un dato punto dello spazio e un dato istante di tempo le equazioni di Maxwell forniscono il valore che vanno ad assumere il campo elettrico e il campo magnetico (ricordiamo che uno crea l'altro in catena, trattandosi di campi variabili) in un punto e in un istante infinitesimamente vicini, e questo a cascata fino al punto finale del percorso.

L'etere luminifero

La scoperta delle onde elettromagnetiche pone un problema concettuale di enorme portata. Per definizione, infatti, un'onda è tale solo in quanto propagazione della perturbazione di un mezzo materiale continuo: è cioè un'onda meccanica. Però le onde elettromagnetiche possono propagarsi anche nel vuoto, come avviene per esempio per la luce che ci arriva dal Sole. Non può quindi trattarsi di perturbazioni che si propagano solo nella materia ordinaria, come sono le onde acustiche, le quali infatti vengono "fermate" dal vuoto. Eppure un mezzo materiale ci deve essere, altrimenti non avrebbe senso parlare di onde. Bisogna allora necessariamente postulare un tipo di materia completamente diverso da quella conosciuta, che possiamo denominare etere, tale da poter fungere da sostegno per le onde elettromagnetiche.

Questo problema sussisteva già in precedenza in relazione alla natura della luce. Se per Newton la luce era un flusso di corpuscoli materiali, Christiaan Huygens (1629-1695) proponeva invece che la luce fosse un'onda che si propaga come perturbazione in un ipotetico mezzo materiale, denominato appunto etere o anche etere luminifero. Né più né meno di come fa un'onda meccanica nell'acqua o nell'aria (una tale onda diventa un'onda acustica percepibile dall'apparato uditivo umano se la sua frequenza è compresa nell'intervallo tra 20 Hz e 20.000 Hz).

L'esistenza delle onde elettromagnetiche a maggior ragione giustifica il ricorso all'ipotesi dell'etere. Tanto più che la luce, come concluse Maxwell già nel 1862 in *On Physical Lines of Force* ("Sulle linee di forza fisiche"), altro non è che un'onda elettromagnetica. Se la frequenza cade in un intervallo tale da essere rilevata dall'occhio umano, noi percepiamo l'onda come luce di diversi colori. Si giunse in tal modo all'unificazione non solo di elettricità e magnetismo ma anche dell'ottica, in quell'unica grandiosa cornice che è la teoria dell'elettromagnetismo di Maxwell.

L'esperimento di Young

Due fenomeni classici tipici delle onde, ma non delle particelle, sono la diffrazione e l'interferenza.

Entrambi possono essere illustrati in maniera intuitiva sulla base della figura 4.10 (in quanto segue si assumono sempre onde armoniche e altre ipotesi semplificative).

La diffrazione è l'effetto che un ostacolo o un'apertura produce su un'onda. Un'onda piana, con lunghezza d'onda paragonabile alla dimensione delle fenditure, arriva da sinistra nella figura

4.10 e incontra uno schermo con una fenditura a: l'onda, oltrepassando l'ostacolo, subisce il tipico "allargamento" della diffrazione.

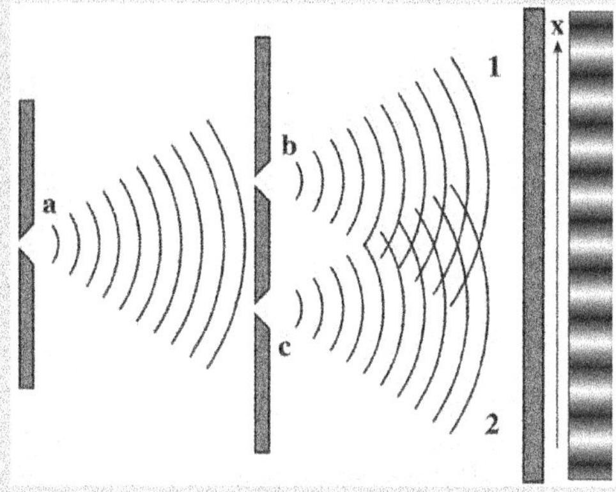

Figura 4.10 *L'esperimento di Young.*

L'interferenza invece è dovuta alla somma (sovrapposizione) di due onde; è un fenomeno che si può osservare su una superficie d'acqua per esempio facendo cadere sassi in due punti diversi.
Nella figura 4.10 le due onde 1 e 2, che emergono dalle fenditure *b* e *c* dello schermo centrale, si sommano (sovrapposizione). L'intensità dell'onda risultante è alternativamente maggiore e minore sullo schermo posto a destra: l'effetto fisico prodotto su quest'ultimo è un'alternanza di zone chiare e scure, una tipica figura d'interferenza.
Fu proprio realizzando un esperimento d'interferenza con la luce mediante due fenditure che Thomas Young (1773-1829) nel 1801 poté dimostrare il carattere ondulatorio della luce.
L'annerimento dei punti dello schermo dipende dall'intensità dell'onda risultante, quindi dall'ampiezza al quadrato A^2. Si trova che vale:

$$A^2 = A_1^{\,2} + A_2^{\,2} + 2A_1A_2 \cdot \cos\varphi$$

L'elevazione al quadrato dell'onda risultante fa sì che nell'intensità di questa, oltre alla somma delle intensità delle due onde componenti 1 e 2, compaia un termine aggiuntivo. A questo termine, che "mischia" i contributi delle due componenti, si deve l'effetto d'interferenza.
In un generico punto $P(x)$ dello schermo le due onde armoniche componenti hanno tra di loro una differenza di fase $\varphi(x)$ che compare nel termine aggiuntivo. Spostandosi allora sullo schermo lungo la direzione x, l'intensità dell'onda risultante varia in maniera periodica e con continuità tra un massimo dato da:

$$A^2_{max} = A_1^{\ 2} + A_2^{\ 2} + 2A_1A_2$$

e un minimo dato da:

$$A^2_{min} = A_1^{\ 2} + A_2^{\ 2} - 2A_1A_2$$

L'interferenza non si verifica invece sovrapponendo due radiazioni particellari. In tal caso infatti non c'è un'elevazione al quadrato, l'intensità è direttamente proporzionale al numero N di particelle che incidono per unità di tempo e di superficie. Di conseguenza, le intensità semplicemente si sommano:

$$N = N_1 + N_2$$

e solo le zone davanti a ciascuna delle due fenditure vengono annerite.

Sappiamo poi che l'elettromagnetismo abbraccia e unifica tutte le forze macroscopiche, tranne la gravità, le quali sono riconducibili in ultima analisi all'interazione elettromagnetica. Forze come la tensione di una fune o di una trave e la resistenza di una molla sono tutte manifestazioni macroscopiche delle forze interatomiche e intermolecolari, di natura elettromagnetica.

Perciò, finché non scendiamo all'interno del nucleo dell'atomo, le interazioni fondamentali sono solo due: gravità ed elettromagnetismo. L'apparente moltitudine di forze diverse che vediamo in azione è dovuta a queste due sole forze elementari. Tra le due c'è una differenza enorme: alla scala del protone l'interazione elettromagnetica è 10^{36} volte quella gravitazionale, una differenza quindi di 36 ordini di grandezza, un fattore inconcepibilmente grande.

Diversamente dall'etere degli antichi, l'etere luminifero non è affatto un elemento celeste che si distingue da quelli terrestri, è anzi una sostanza onnipresente nell'universo; addirittura deve essere presente anche all'interno di quei corpi che sono trasparenti alle onde elettromagnetiche di determinate frequenze. Quella dell'etere "moderno" è di fatto un'ipotesi scientifica, ma ancora un'ipotesi *ad hoc,* dato che viene introdotta solo per fornire un supporto alle onde elettromagnetiche. A differenza di quello che è avvenuto con l'ipotesi degli atomi, però, non ci sono altri fenomeni indipendenti che possano essere spiegati o comunque posti in connessione con l'ipotesi dell'etere. Anzi, al contrario: tale ipotesi finisce presto in difficoltà. L'etere non solo non si vede, ma non interagisce in alcun modo con la materia ordinaria, per cui non può essere rilevato neanche indirettamente. Dovrebbe essere quindi del tutto "etereo", ma allo stesso tempo anche molto rigido data l'elevatissima velocità delle onde che vi si propagano.

Una nuova entità fisica

Fu merito di Einstein avanzare la corretta soluzione del problema, ossia che l'etere non esiste. Un assunto fondamentale, che sta alla base della teoria della relatività ristretta del 1905 e che spiega il risultato nullo del celebre esperimento eseguito nel 1887 da Abraham Michelson (1853-1931) e Edward Morley (1838-1923), che avrebbe dovuto rilevare il moto della Terra attraverso l'etere.

Questa conclusione è assolutamente rivoluzionaria. Può sembrare curioso dire questo per una scoperta "negativa" che toglie l'attributo di esistenza a qualcosa che era solo un'ipotesi *ad hoc*, ma rinunciare a ipotizzare un mezzo materiale ci lascia con una sola alternativa ben più sorprendente. È il campo elettromagnetico stesso, cioè, a dover assumere l'attributo di esistenza. Il campo elettromagnetico non è quindi un semplice artificio di comodo ma, al contrario, ha rilevanza ontologica: esiste, al pari della materia, ed è esso stesso il mezzo che supporta le onde e che anzi si identifica con esse.

Ovviamente il campo elettromagnetico non va paragonato a qualcosa di magico; di certo non si invoca un dualismo di tipo cartesiano, ma si rimane in un'ottica scientifica. Benché privo di massa e di carica, il campo elettromagnetico interagisce fisicamente con la materia ed è pertanto parte integrante del mondo fisico. Il carattere rivoluzionario di questa scoperta consiste perciò nell'aver svelato l'esistenza di un'entità fisica diversa dalla materia.

Una volta create, le onde elettromagnetiche hanno un'esistenza autonoma indipendente dalle sorgenti, dato che permangono anche se queste ultime vengono "spente", sebbene la loro intensità si attenui in maniera inversamente proporzionale alla distanza.

La teoria della relatività ha scoperto che

$$c = 3 \cdot 10^8 \text{ m/s}$$

è una costante fondamentale della natura: rappresenta la velocità massima a cui si può propagare un effetto fisico. La velocità con cui si propagano la massa, l'energia, il momento lineare e angolare, in generale qualunque grandezza fisica conservata non può essere maggiore di questo valore limite. Un'onda elettromagnetica si propaga nel vuoto sempre con la velocità c, appunto la massima fisicamente possibile, indipendentemente dal sistema di riferimento inerziale in cui ci si pone. Per contro, nella fisica newtoniana non esiste alcuna velocità limite; in linea di principio, esercitando per esempio una forza costante per un tempo sufficiente, si può ottenere una velocità grande a piacere. Si tratta di un infinito in potenza e non in atto, ma certo l'assenza di un limite pone un problema concettuale alla località.

La separazione in due fasi, creazione del campo da parte delle cariche elettriche e azione fisica del campo sulle cariche elettriche (in moto o meno), ha un reale significato fisico e mette sotto una nuova luce il concetto di interazione. Piuttosto che rappresentare l'interazione in maniera non mediata tramite una forza tra due punti spazialmente separati, la si può concepire come mediata da un campo, il che elimina ogni azione a distanza. Il campo elettromagnetico, pur non essendo materiale, viene perciò incontro ai meccanicisti nel garantire la località e svolgendo la funzione precedentemente attribuita dell'etere.

Va accennato al fatto che per la gravità di Einstein avviene qualcosa di concettualmente simile, ma con un'ontologia diversa. Secondo la relatività generale (che, è quasi superfluo sottolinearlo, gode di ampia conferma sperimentale) le masse, quali sorgenti del campo, creano una curvatura dello spazio-tempo, secondo le equazioni di Einstein. La curvatura agisce poi sulle masse poiché ne determina la traiettoria semplicemente per via della sua geometria. Il campo gravitazionale è cioè un campo di curvatura spazio-temporale, le cui perturbazioni pure si propagano per onde con velocità pari a *c*. Può sorgere spontaneo allora pensare anche al campo elettromagnetico come a un tipo di modificazione dello spazio e del tempo; su questa linea di pensiero Einstein tentò, invano, l'ulteriore balzo sulla via dell'unificazione che avrebbe voluto fondere insieme l'elettromagnetismo e la gravità.

Il campo elettromagnetico dunque si può propagare nel vuoto. Finora abbiamo inteso il vuoto come assenza di materia (fino al livello che si riesce a ottenere) e possiamo continuare a mantenere questa definizione. Svuotare completamente una regione di spazio da qualsiasi tipo di campo elettromagnetico sarebbe un'impresa non facile, ma certamente si può limitare il campo a determinate frequenze e con ampiezze più basse possibile.

5

Macroscopico e microscopico

Molecole e vuoto

Nell'articolo *Essai d'une manière de déterminer les masses relatives des molecules élémentaires des corps* ("Saggio su una maniera di determinare le masse relative delle molecole elementari dei corpi"), pubblicato in francese nel 1811, Amedeo Avogadro dichiara che:

> Le più piccole parti dei gas non sono necessariamente semplici atomi, ma sono costituite da un certo numero di questi atomi uniti per attrazione a formare una singola molecola.

Compare in questo articolo per la prima volta la parola "molecola", ossia, dal latino, "piccola quantità". Avogadro stabilì per primo anche l'esatta composizione dell'acqua. La massa molecolare è data dalla somma delle masse atomiche componenti, per esempio 18 per l'acqua. Si fece strada inoltre la corretta ipotesi che non solo i composti ma anche gli elementi si presentano come molecole formate da almeno due atomi; è così, per esempio, per i semplici gas idrogeno (H_2), ossigeno (O_2) e azoto (N_2).

Per un composto, la molecola è definita come la più piccola entità che ha le stesse proporzioni tra gli atomi costituenti che si riscontrano in un qualunque campione della sostanza.

Le molecole che costituiscono la materia nello stato solido sono fortemente legate tra di loro, si trovano a distanza ravvicinata e i loro movimenti sono limitati a vibrazioni attorno alla loro posizione di equilibrio. Nello stato liquido le molecole sono legate più debolmente, la loro distanza media è maggiore e hanno maggiore libertà di movimento. Queste caratteristiche microscopiche si riflettono macroscopicamente nel fatto che un solido mantiene la propria forma e il proprio volume, mentre un liquido assume la forma del contenitore e può essere in misura minima compresso.

In un gas, invece, le molecole non sono legate l'una all'altra, sono grandemente spaziate e si muovono velocemente. Macroscopicamente questo comporta che il gas, oltre ad adattarsi al suo contenitore, può essere agevolmente compresso o anche, al contrario, rarefatto; in altre parole, la densità del gas può essere aumentata o diminuita.

Grazie all'invenzione della pompa a vuoto da parte di Otto von Guericke (1601-1674) nel 1654, già dalla metà del Seicento si riusciva a rarefare un gas, cioè a togliere molecole di gas dall'interno di un contenitore con la conseguenza che quelle rimaste sono sempre più lontane l'una dall'altra. Si tratta di un procedimento che porta verso il vuoto totale, dimostrandone così sperimentalmente l'esistenza e smentendo l'*horror vacui* cartesiano e aristotelico.

Solo pochi anni prima, nel saggio *Expériences nouvelles touchant le vide* ("Nuovi esperimenti riguardanti il vuoto", 1647), anche Blaise Pascal (1623-1662) aveva sostenuto l'esistenza del vuoto sulla base dei suoi esperimenti che perfezionavano quelli di Evangelista Torricelli (1608-1647). Nella citata opera Pascal scrive:

> Tutti i corpi possiedono una ripugnanza a essere separati uno dall'altro e a lasciare il vuoto nell'intervallo tra di essi.

Solo in questo senso si può affermare che la natura rifugge il vuoto; per Pascal questi effetti non sono però sufficienti a impedire l'esistenza e la produzione del vuoto. Il vuoto esiste, semplicemente non è facile realizzarlo. L'avvicinarsi a livelli di vuoto sempre più spinto, ossia a valori di pressione sempre più bassi per un gas chiuso in un contenitore, è solo una questione di tecnica, che nei secoli successivi sarà sempre più affinata. La tecnica del vuoto giocherà un ruolo importante nella scoperta degli atomi.

Ioni

Un altro indizio sulla struttura elettrica dell'atomo provenne dalla scoperta di particelle cariche nelle soluzioni acquose.

Normalmente atomi e molecole sono neutri poiché il numero di elettroni negativi è uguale al numero di protoni positivi. Un atomo o una molecola possono tuttavia avere una carica elettrica netta, positiva se hanno ceduto degli elettroni, negativa se ne hanno acquisito; in tal caso si parla di ioni. Un tipo di legame chimico è il legame ionico, quello che per esempio troviamo nel comune sale da cucina o cloruro di sodio (NaCl). Il meccanismo è il seguente: un elettrone viene trasferito dall'atomo di cloro a quello di sodio creando così lo ione positivo Na^+ e lo ione negativo Cl^-, questi ultimi si legano quindi per attrazione elettrostatica.

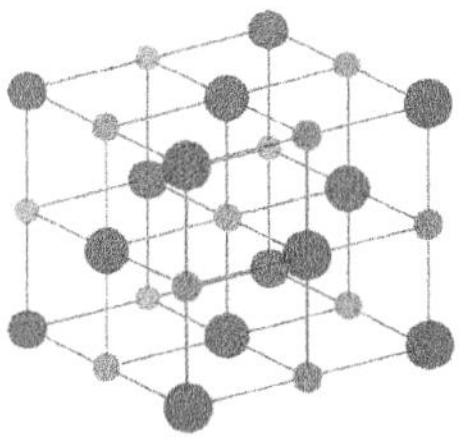

Figura 5.1 La struttura cristallina del cloruro di sodio.

Piuttosto che formare molecole nettamente delimitate, gli ioni si dispongono a comporre un solido cristallino, un reticolo tridimensionale elettricamente neutro ottenuto dalla ripetizione di celle regolari in maniera tale da massimizzare l'attrazione e minimizzare la repulsione tra gli ioni Na^+ (rappresentati dalle sfere piccole nella figura 5.1) e gli ioni Cl^- (sfere grandi).

Quando viene sciolto nell'acqua, il cloruro di sodio si scompone negli ioni positivi e negativi che lo costituiscono, mischiati in maniera casuale. Questa soluzione acquosa è conduttiva: applicando una tensione elettrica, mediante i due elettrodi di una batteria, sempre per attrazione elettrostatica gli ioni positivi Na^+ migrano verso il polo negativo (catodo) e gli ioni negativi Cl^- verso quello positivo (anodo), formando così quella che si chiama corrente di convezione.

La parola greca ἰόν (*ion*) vuol dire infatti "ciò che va"; il termine fu suggerito (insieme anche a "elettrodo", "anodo" e "catodo") da William Whewell (1794-1866) a Michael Faraday (1791-1867), quando quest'ultimo nel 1834 scoprì il fenomeno appena descritto e quindi l'esistenza di queste particelle erranti elettricamente cariche, la cui natura a quel tempo non era per niente chiara. Da notare che fu sempre Whewell, personaggio eclettico della scienza come della filosofia, a coniare il termine "scienziati" per indicare quelli che fino a quel momento venivano definiti "filosofi naturali".

Il numero di Avogadro

Sappiamo che la granularità della materia non è direttamente percepibile perché estremamente fine. Qual è dunque esattamente la dimensione di questa granularità? Ci chiediamo, in altre parole, quanti atomi o molecole ci siano in un campione di materia di dimensioni macroscopiche "quotidiane", esprimibili per esempio in grammi.

Prendiamo allora in considerazione 1 g dell'elemento più leggero, l'idrogeno. Per la precisione, consideriamo l'idrogeno-1, l'isotopo più comune di questo elemento. Il numero di atomi contenuto in questa quantità di sostanza si chiama numero di Avogadro, indicato con N, che si può ricavare mediante tecniche diverse ed è effettivamente un numero enorme oltre ogni immaginazione:

$$N = 6{,}02214076 \cdot 10^{23}$$

Il peso atomico del carbonio-12 è dodici volte quello dell'idrogeno-1. Da questo segue un ragionamento molto semplice. Se *N* è il numero di atomi presenti in 1 g di idrogeno, allora in 1 g di carbonio ci sono evidentemente *N*/12 atomi; per avere un numero di atomi pari a *N* dobbiamo dunque prendere 12 g di carbonio.

Più in generale vale allora questo risultato molto significativo: la quantità di un qualunque elemento (chiamata mole, simbolo "mol") il cui peso in grammi è numericamente pari al peso atomico dell'elemento contiene *N* atomi. Quindi 1 g di idrogeno-1, 12 g di carbonio-12, 16 g di ossigeno-16 costituiscono una mole e contengono un numero di atomi pari al numero di Avogadro *N*. La stessa cosa vale per i composti: una quantità in grammi pari al peso molecolare della sostanza è una mole (18 g per l'acqua, 2 g per l'idrogeno) e contiene *N* molecole. Quindi, a meno che non sia chiaro dal contesto, quando si parla di mole bisognerebbe sempre precisare quali parti elementari si prendono in considerazione, se atomi, molecole, ioni o altro.

Per via della legge delle proporzioni multiple, nelle reazioni chimiche è più conveniente far riferimento al numero di moli che non al peso o al volume. Per esempio, per la reazione:

$$2H_2 + O_2 \rightarrow 2H_2O$$

possiamo dire che due molecole di idrogeno si uniscono con una molecola di ossigeno per formare due molecole d'acqua oppure, macroscopicamente, che due moli di idrogeno reagiscono con una mole di ossigeno per produrre due moli d'acqua.

Proviamo a farci un'idea dell'incredibile dimensione del numero di Avogadro. Immaginiamo un dispositivo meraviglioso in grado di contare, uno per uno, gli *N* atomi in un grammo di idrogeno; se questo dispositivo potesse contare dieci miliardi di atomi al secondo, impiegherebbe circa due milioni di anni a contarli tutti.

Data l'estrema granularità della materia, sorge spontanea la domanda circa la dimensione e la massa di un singolo atomo. Essendo composto da parti, un atomo ha certamente un'estensione fisica finita, non è puntiforme; l'ordine di grandezza della dimensione atomica è di 10^{-10} m, ossia un decimilionesimo di millimetro, unità di lunghezza denominata angstrom (simbolo "Å").

Per quanto riguarda la massa: l'unità di massa atomica, definita come la dodicesima parte della massa dell'atomo del carbonio-12 e approssimativamente uguale alla massa di un atomo di idrogeno-1, è data da $u = 1{,}660539 \cdot 10^{-27}$ kg.

La teoria cinetica

Furono proprio le particolari caratteristiche dello stato gassoso che resero possibile a Maxwell la formulazione di un semplice modello teorico basato sull'ipotesi di una struttura molecolare del gas stesso.

In *On the Dynamical Theory of Gases* ("Sulla teoria dinamica dei gas", 1867) Maxwell inizia citando i pensatori antichi:

> L'opinione che le proprietà osservate dei corpi apparentemente a riposo siano dovute all'azione di invisibili molecole in rapido movimento si può trovare in Lucrezio. Nella sua esposizione delle teorie di Democrito, come modificate da Eraclito, questi descrive gli invisibili atomi come tutti in moto verso il basso con uguali velocità, le quali, in tempi e posizioni del tutto indeterminati, subiscono impercettibili cambiamenti, quanto basta a permettere occasionali collisioni tra gli atomi.

Il modello sviluppato da Maxwell è la teoria cinetica dei gas, che fa riferimento al cosiddetto "gas ideale" (posto in un contenitore fermo nel sistema di riferimento considerato), avente precise caratteristiche e al quale i gas reali si avvicinano con buona approssimazione.

Secondo questo approccio un gas come il vapore d'acqua è costituito da un numero molto grande di molecole, tutte con la stessa massa e dimensione. Un'ipotesi già avanzata nell'*Hydrodynamica* da Daniel Bernoulli, il quale intuì che la pressione esercitata da un gas sulle pareti del suo contenitore è dovuta agli urti delle parti elementari del gas stesso.

In un gas ideale si assume che la distanza media tra le molecole sia molto grande rispetto alla loro dimensione. In pratica, per la maggior parte il gas è fatto di vuoto, il che oltretutto significa che la materia non riempie affatto tutto l'universo: le particelle materiali sono circondate da vuoto.

Poi, si assume che le uniche interazioni delle molecole tra di loro e con le pareti del recipiente siano date da urti supposti di durata trascurabile rispetto all'intervallo di tempo medio che intercorre tra collisioni successive. Solo a causa degli urti avviene una variazione della velocità (che vuol dire, ricordiamolo: variazione del modulo, della direzione o di entrambi) delle molecole coinvolte. Gli urti si assumono elastici, tali cioè da conservare sempre l'energia cinetica complessiva delle molecole coinvolte: in un urto l'energia cinetica può solo passare da una molecola a un'altra. Il moto delle molecole tra un urto e l'altro è libero, si svolge a velocità rettilinea uniforme perché non c'è alcuna forza in azione.

Pertanto l'energia interna del gas è costituita solo dall'energia cinetica delle molecole (da cui il nome della teoria). Non essendoci forze intermolecolari non c'è energia potenziale; né è associata alcuna energia potenziale agli urti, trattandosi di interazioni impulsive a corto raggio che conservano l'energia cinetica.

Come si può studiare un sistema fisico come il gas ideale? Sono il moto disordinato delle parti microscopiche e i loro urti casuali a determinare le proprietà macroscopiche del gas studiate dalla termodinamica, come pressione, volume e temperatura. Evidentemente sarebbe però un'impresa impossibile cercare di applicare le leggi della meccanica newtoniana a ogni singola particella, tenendo conto di tutte le condizioni iniziali e di tutti gli urti. Un'impresa che del resto è inutile: non occorre infatti conoscere le traiettorie di tutte le molecole del gas per ottenere le informazioni che ci interessano sulle grandezze fisiche macroscopiche del gas stesso, quello che serve sono invece solo dei valori medi.

Stiamo infatti considerando non semplicemente sistemi fisici fatti da parti, bensì sistemi fisici fatti da un numero enorme di parti, dell'ordine di grandezza del numero di Avogadro. Per questi sistemi la relazione tra il tutto e le parti elementari di cui è composto è di tipo statistico.

La velocità di ciascuna molecola è diversa da quella di tutte le altre ed è perfettamente determinata nell'ambito della meccanica classica. Tuttavia, non potendo (e non volendo) calcolare tutte le velocità istante per istante, si ricorre a un modello probabilistico. Come si fa con il lancio di una moneta o di un dado: il risultato è perfettamente determinato, ma è impossibile da calcolare perché non si conoscono con la precisione necessaria tutte le condizioni iniziali e tutte le variabili in gioco. A ogni possibile risultato viene allora assegnata una probabilità.

Analogamente, a ogni possibile velocità delle molecole del gas viene assegnata una probabilità. La distribuzione di probabilità delle velocità delle molecole deve avere una precisa caratteristica: la velocità risultante del gas, somma vettoriale delle singole velocità molecolari, deve essere in ogni istante nulla. Non c'è infatti un moto netto della massa macroscopica del gas (ossia del suo centro di massa), ma solo un moto interno disordinato delle sue molecole.

L'energia cinetica di una singola molecola è una grandezza fisica scalare sempre positiva o nulla (in quanto proporzionale al quadrato della velocità), ma non può essere pari a zero per tutte le molecole; il valore medio perciò è maggiore di zero.

Questo valore medio ha un significato fisico preciso, poiché si evince attraverso la teoria cinetica che è proporzionale a una grandezza fisica macroscopica, la temperatura assoluta T del gas:

$$\overline{E}_k = \frac{3}{2}\, k_B T$$

dove la barra in alto indica il valore medio e

$$k_B = 1{,}38 \cdot 10^{-23}\ \mathrm{J/K}$$

è la costante di Boltzmann, che fa da "ponte" tra la scala microscopica e quella macroscopica.

Essendo il rapporto tra un'energia (unità di misura Joule, simbolo "J") e una temperatura assoluta (unità di misura Kelvin, simbolo "K"), la costante di Boltzmann è espressa in unità J/K.

In questo senso, la temperatura del gas rappresenta la misura del livello dell'agitazione termica collettiva delle molecole che lo compongono. Per una singola molecola non ha senso parlare di temperatura; questo concetto ha significato solo per un aggregato. In altre parole la temperatura esiste solo macroscopicamente, sebbene come conseguenza del moto microscopico; come si dice, è una proprietà emergente. Passando dal microscopico al macroscopico viene perciò a sorgere qualcosa di nuovo: in termini di proprietà fisiche il tutto è più che la somma delle sue parti. Tuttavia, almeno nell'accezione "debole" del termine, una proprietà emergente di un sistema rimane in linea di principio spiegabile a partire dalle proprietà delle parti componenti.

Sulla base di riflessioni di questo tipo si può considerare l'idea di proprietà come dipendente dalla scala, cioè dai diversi livelli della gerarchia di complessità di un sistema. Come altri esempi di proprietà emergenti si possono citare il colore, l'attrito, l'entropia nei sistemi fisici, così come la capacità di auto-organizzazione dei sistemi complessi di tipo fisico, biologico o d'altra natura.

Interazioni e urti

Esaminiamo meglio l'assunzione dell'assenza di interazioni reciproche tra le molecole di un gas tra un urto e l'altro. Non agisce nessuna delle due possibili interazioni, né quella elettromagnetica né quella gravitazionale. Per quanto riguarda la prima, non c'è alcuna ragione per prendere in considerazione interazioni di tipo elettrico o magnetico tra le molecole non legate di un gas, le quali, al pari degli atomi, di norma sono elettricamente neutre.

La forza di gravità tra molecole libere, del resto, è del tutto irrilevante data la massa estremamente piccola di queste ultime e in generale dei costituenti elementari della materia. Per via del valore molto piccolo della costante di gravitazione universale *G*, la gravità è infatti una forza estremamente debole.

Questa affermazione può risultare sorprendente, perché noi siamo abituati a considerare oggetti macroscopici di massa elevata. L'interazione gravitazionale domina su scala cosmica, determinando il moto di masse rilevanti come galassie, stelle e pianeti. La gravità è determinante anche per oggetti più piccoli come comete, asteroidi e veicoli spaziali costruiti dall'uomo, ma solo perché questi la subiscono dal Sole e dai pianeti, che ne stabiliscono così la traiettoria. La stessa cosa si può dire per tutti gli oggetti quotidiani con cui abbiamo a che fare sulla superficie della Terra (sassi, alberi, case, tavoli, martelli e così via): la gravità appare essenziale per il semplice fatto che questi oggetti vengono attratti verso il basso dall'enorme massa del nostro pianeta. L'attrazione gravitazionale che due oggetti di questo tipo esercitano tra di loro, invece, è estremamente ridotta. A maggior ragione risulta trascurabile la forza di gravità reciproca tra le molecole di un gas e parimenti non stupirà che la gravità non abbia alcun ruolo nella fisica atomica, nucleare e subnucleare.

Detto questo, sappiamo che comunque un'interazione tra le molecole c'è ma che si limita agli urti. Quello dell'urto è semplicemente un diverso modello di interazione. Un modello in cui, dato che l'interazione è a brevissimo raggio e di brevissima durata temporale, possiamo ignorare la natura fisica dell'interazione stessa.

In realtà sappiamo che la forza impulsiva che agisce in un urto tra due palle da biliardo o tra due molecole è di natura elettromagnetica. È l'interazione elettromagnetica che impedisce la compenetrazione dei corpi macroscopici e che fa sì che questi si arrestino o rimbalzino quando nella loro traiettoria arrivano a stretto contatto. A distanza sufficientemente ridotta non sono più gli atomi neutri della superficie di due corpi a "vedersi" l'un l'altro, bensì le rispettive strutture di elettroni che quindi si respingono.

Il modello di interazione basato sull'urto utilizza direttamente le leggi di conservazione. Consideriamo due sistemi fisici, due "palline" che collidono le cui masse supponiamo note. L'urto stesso viene considerato una sorta di "scatola nera" all'interno della quale non ci interessa cosa avviene in dettaglio, né sarebbe una cosa semplice da stabilire. Quello che serve invece è, date le velocità delle due palline immediatamente prima dell'urto, ricavare le loro velocità immediatamente dopo l'urto.

Il momento lineare totale si conserva sempre, poiché sul sistema delle due palline non agiscono forze esterne: l'urto è un'interazione interna al sistema. Ciascuna delle due palline modifica il proprio vettore momento (e quindi la propria velocità) in conseguenza dell'urto: ogni pallina dopo l'urto prosegue il moto in una direzione diversa con diverso valore di velocità. Tuttavia la somma vettoriale dei due momenti dopo l'urto rimane uguale alla somma vettoriale dei due momenti prima dell'urto.

L'energia totale pure si conserva, però l'energia cinetica delle palline può trasformarsi nell'urto in energia di altro tipo. Le palline possono deformarsi, riscaldarsi, emettere suoni o persino scintille: parte dell'energia cinetica si trasforma in tal caso in energia interna delle palline o va nell'ambiente sotto forma di energia termica o delle onde acustiche o elettromagnetiche. Si parla allora di urto anelastico. L'urto si dice completamente anelastico nel caso in cui tutta l'energia cinetica degli oggetti collidenti si trasforma in energia di altra specie: le due palline in conseguenza dell'urto si fermano.

Se invece l'energia cinetica totale si conserva siamo in presenza di un urto elastico, come nel caso del gas ideale. Le due leggi di conservazione, del momento e dell'energia cinetica (entrambe espresse in funzione delle velocità) ci consentono allora di ricavare univocamente le velocità finali delle due palline a partire da quelle iniziali.

Il moto browniano

Le molecole non sono direttamente visibili, neanche usando un microscopio ottico. Con questo strumento si può invece osservare il moto casuale delle minuscole particelle di polline o di polvere sospese in un fluido (liquido o gas). Una danza caotica osservata e descritta per la prima volta nel 1827 dal botanico Robert Brown (1773-1858).

L'assunzione di una struttura atomico-molecolare della materia può già spiegare il fenomeno in maniera qualitativa: le particelle in sospensione nell'acqua vengono coinvolte in un moto disordinato dagli urti con le molecole d'acqua. La teoria matematica quantitativa del moto browniano fu proposta da Albert Einstein (1879-1955) nel 1905, lo stesso *annus mirabilis* in cui il celeberrimo fisico propose anche la teoria dell'effetto fotoelettrico (che gli valse il premio Nobel per la fisica nel 1921) nonché, naturalmente, la relatività speciale. Se la prima teoria dimostra la struttura discreta della materia, la seconda dimostra, come discuteremo, la struttura discreta del campo elettromagnetico.

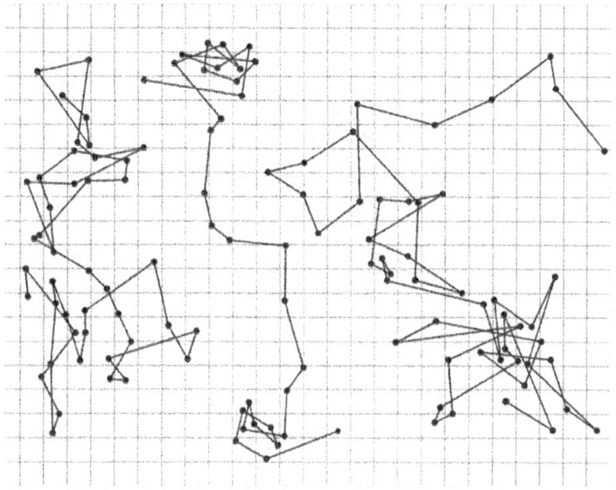

Figura 5.2 Moto browniano.

La teoria del moto browniano di Einstein fu verificata sperimentalmente nel 1908 da Jean Baptiste Perrin (1870-1942), che ottenne pertanto il Nobel per la fisica nel 1926 "per il suo lavoro sulla struttura discontinua della materia".

La figura 5.2 compare nel libro di Perrin *Les atomes* ("Gli atomi", 1914). L'autore riporta le posizioni, prese ogni 30 secondi, di tre particelle in sospensione colloidale da lui osservate al microscopio. Le particelle hanno una dimensione di 0.53 μm e le caselle della griglia hanno un lato pari a 3,2 μm (micrometri, ossia 10^{-6} m).

La teoria cinetica e quella del moto browniano offrono una conferma dell'ipotesi atomica che avrebbe certamente destato l'entusiasmo dei meccanicisti del Seicento, essendo di tipo esclusivamente meccanico: i fenomeni e le proprietà riguardanti un aggregato macroscopico vengono spiegati sulla base del moto delle particelle componenti.

6

Il modello planetario dell'atomo

Raggi catodici e raggi X

I fisici di fine Ottocento indagarono i fenomeni che si verificano combinando il vuoto materiale con l'elettricità, in particolare applicando una tensione elettrica a degli elettrodi posti alle estremità di un tubo di vetro al cui interno l'aria è stata rarefatta.

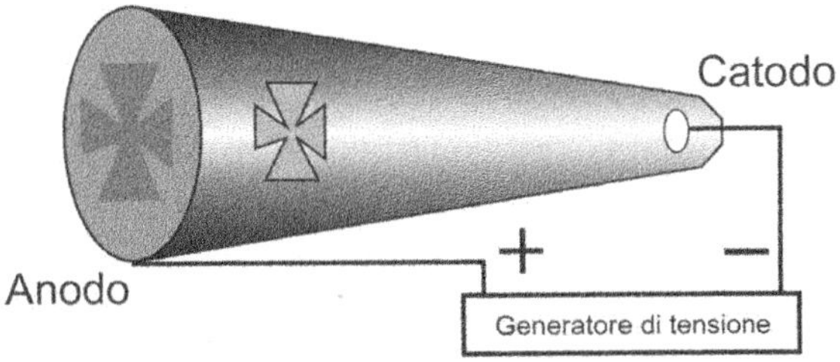

Figura 6.1 Schema di principio del tubo a raggi catodici.

Dal catodo (che allo scopo viene anche riscaldato) in tal caso viene emesso qualcosa che si dirige verso l'anodo; a questo qualcosa fu attribuito il nome di "raggi catodici". Di per sé invisibili, i raggi catodici rivelano però la loro presenza quando vanno a colpire la parete del tubo immediatamente dopo l'anodo: se questa è rivestita da uno strato di fosfori, si illumina. Questo fenomeno si può studiare e utilizzare al meglio se nel tubo è appunto praticato il vuoto, in modo da eliminare ogni effetto dovuto alle molecole d'aria. A partire dal 1870 William Crookes (1832-1919) fu in grado di ottenere nel tubo una pressione inferiore al milionesimo di atmosfera. Inserendo un ostacolo nel percorso dei raggi, la croce di Malta nella figura 6.1, sullo schermo (parete anodica) del tubo se ne vede l'ombra: questo dimostra che i raggi catodici si propagano in linea retta e che possono essere arrestati da un oggetto materiale.

Molti esperimenti vennero eseguiti per capire quale fosse la natura dei raggi catodici. Alcuni fisici, tra cui Perrin e lo stesso Crookes, sostenevano la concezione corpuscolare secondo cui i raggi catodici sono sciami di particelle materiali elettricamente cariche. Per altri, tra cui Hertz, i raggi catodici erano una particolare forma di radiazione elettromagnetica, quindi un'onda.

Fu proprio sperimentando con i raggi catodici che nel 1895 Wilhelm Conrad Röntgen identificò un altro tipo di raggi prodotto nel tubo a vuoto, che destò grande sensazione: i raggi X. È ancora l'impatto dei raggi catodici che, eccitando gli atomi dello schermo dell'anodo, provoca l'emissione di questo diverso tipo di raggi, i quali poi si diffondono all'esterno.

I raggi X non sono visibili, ma Röntgen notò che hanno un'energia tale da poter passare attraverso oggetti opachi e impressionare una lastra fotografica. Poté così ottenere, il 22 dicembre 1896, una fotografia delle ossa della mano della moglie, la prima radiografia della storia. Che i raggi X siano un qualche tipo di onda elettromagnetica fu ipotizzato quasi subito, sebbene la conferma definitiva sia arrivata nel 1912, quando fu ottenuta sperimentalmente la diffrazione dei raggi X attraverso la griglia che costituisce un solido cristallino. Già Röntgen, comunque, aveva provato che la traiettoria dei raggi X non viene influenzata da un campo magnetico, per quanto intenso.

I raggi catodici, al contrario, vengono deviati da un campo magnetico, certamente un indizio a favore dell'ipotesi che si tratti di particelle cariche, quelle che in seguito furono chiamate "elettroni".

L'atomo di Thomson

La scoperta dell'elettrone viene associata all'esperimento di Joseph Thomson del 1897, che misurò il rapporto tra la carica e e la massa m_e dei "corpuscoli" (come lui li chiamava) che costituiscono i raggi catodici. La misura fu eseguita sottoponendo la traiettoria dei raggi alla deflessione sia di un campo elettrico sia di un campo magnetico opportunamente disposti.

Il suo valore è dato da

$$e/m_e = 1{,}7 \cdot 10^{11}\ \mathrm{C/kg}$$

e risulta indipendente dal materiale di cui è costituito il catodo e da ogni altro parametro sperimentale.

Nel suo articolo pubblicato sul *Philosophical Magazine* il 7 agosto 1897, Thomson trae le conclusioni:

> Poiché i raggi catodici portano una carica di elettricità negativa, vengono deflessi da una forza elettrostatica come se fossero elettrizzati negativamente e su di loro agisce una forza magnetica nello stesso modo in cui questa forza agirebbe su un corpo elettrizzato negativamente che si muovesse lungo la traiettoria di questi raggi, non vedo come sfuggire alla conclusione che si tratta di cariche di elettricità negativa portate da particelle di materia.

Thomson riuscì anche a formulare una stima del valore della massa e della carica separatamente; avendo trovato che la massa dei corpuscoli era verosimilmente dell'ordine di un millesimo di quella dello ione più leggero che si conoscesse (H^+), era evidente che doveva trattarsi di una particella nuova. Per la sua scoperta Thomson ricevette il Nobel per la fisica nel 1906.

Il valore della carica dell'elettrone fu poi misurato sperimentalmente in maniera diretta nel 1909 da Robert Millikan (1868-1953) con il sostanziale contributo di Harvey Fletcher (1884-1981), in un raffinato esperimento che utilizzava minuscole gocce d'olio elettricamente cariche.

Conoscendo il rapporto e/m_e, dal valore della carica si ricava quello della massa dell'elettrone. Il metodo sperimentale utilizzato da Thomson è il capostipite della spettrometria di massa, tecnica che permette di separare le particelle materiali cariche di tipo diverso contenute in un campione e di misurarne il rapporto carica/massa, di determinare cioè lo spettro di massa del campione. Il corrispondente strumento, lo spettrometro massa, si basa sullo stesso principio dell'esperimento di Thomson. Lo spettrometro di massa può funzionare solo con particelle cariche. Nel caso si parta da molecole o atomi neutri occorre prima ionizzarli, cosa che si può fare con diverse tecniche che forniscono l'energia di ionizzazione necessaria: mediante urti con fasci di elettroni o di altri ioni, irraggiamento elettromagnetico, ionizzazione termica.

Figura 6.2 Joseph Thomson.

Il termine "spettrometria", o "spettroscopia", senza altri attributi, proviene dall'analisi dello spettro di un'onda elettromagnetica, in cui si separano le varie frequenze che la compongono e se ne misura l'intensità. Per esempio, per mezzo di un prisma si possono separare tutti i colori che compongono la luce bianca, esperimento già eseguito da Newton nel 1666: è lo stesso fenomeno che dà origine all'arcobaleno.

L'elettrone è una particella elementare non ulteriormente scomponibile, parte costitutiva dell'atomo e che dall'atomo può essere emessa o assorbita; i raggi catodici altro non sono che elettroni liberi strappati dagli atomi del catodo per azione della differenza di potenziale elettrico e del riscaldamento del catodo stesso. Si tratta di una particella piccolissima in ogni senso, da considerare a tutti gli effetti puntiforme e con una massa

$$m_e = 9{,}1 \cdot 10^{-31}\ \mathrm{kg}$$

La carica dell'elettrone

$$e = 1{,}602 \cdot 10^{-19}\ \mathrm{C}$$

rappresenta la carica elementare e quindi essa stessa costituisce un'utilissima unità di misura indicata ancora con "e". Qualsiasi sistema dalla scala atomica a quella macroscopica ha una carica elettrica che è un multiplo intero di quella elementare, con segno positivo o negativo. In altre parole la carica elettrica è discreta o, come si dice, quantizzata; come pure avviene per la materia, questa discretizzazione non è immediatamente percepibile su scala macroscopica.

L'atomo contiene dunque delle particelle con carica negativa; essendo neutro, al suo interno ci deve essere un'equivalente carica positiva. Thomson propose allora nel 1904 un modello dell'atomo come costituito da una sorta di gelatina, non meglio identificata, che presenta una carica positiva uniformemente distribuita su tutto il volume. La carica negativa è concentrata invece nei punti dove si trovano gli elettroni, sparsi in maniera uniforme all'interno dell'atomo come l'uvetta in un panettone. Thomson però non riuscì a dimostrare la stabilità di questo modello, che fu anche contestato. In ogni caso, il modello di Thomson doveva presto essere smentito dalla scoperta del nucleo.

L'atomo di Rutherford

Nel 1908, sotto la direzione di Ernest Rutherford, il collaboratore di quest'ultimo Hans Geiger (1882-1945) e lo studente Ernest Marsden (1889-1970) eseguirono all'Università di Manchester il celebre esperimento del foglio d'oro, primo di una serie che ebbe luogo negli anni seguenti.

Un fascio di particelle alfa (le quali hanno carica $+2e$ e si riveleranno essere nuclei di elio), emesse spontaneamente da sostanze radioattive come il radon, viene sparato contro una lamina d'oro sottilissima. Le particelle alfa sono in grado di penetrare all'interno dell'atomo di oro; l'idea è quella di misurare l'eventuale deflessione che di conseguenza le particelle subiscono. La misura viene realizzata grazie a uno schermo fluorescente circolare che circonda la lamina e raccoglie le particelle deflesse.

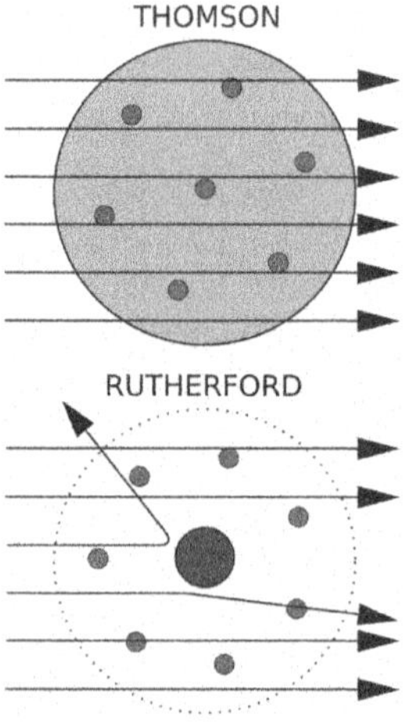

Figura 6.3 L'esperimento del foglio d'oro.

Facciamo riferimento alla figura 6.3, che è solo schematica e non in scala, in cui gli elettroni sono rappresentati dai cerchietti piccoli.

Se la struttura dell'atomo fosse quella ipotizzata da Thomson, allora secondo le leggi dell'elettromagnetismo di Maxwell e Lorentz tutte le particelle positive attraverserebbero l'atomo subendo solo deflessioni minime (pochi gradi), come rappresentato nella parte superiore della figura 6.3.

I risultati delle misure di Geiger e Marsden mostrarono però intanto che le particelle deflesse di un angolo maggiore di 10° sono molte di più di quelle previste dal modello di Thomson. Inoltre, in un certo numero di casi le particelle sorprendentemente subiscono una deflessione enorme, maggiore di 90°: in pratica tornano indietro come schematizzato nella parte inferiore della figura 6.3.

Nelle parole dello stesso Rutherford:

> Fu l'evento più incredibile che mi sia mai accaduto in vita mia. Quasi altrettanto incredibile come se sparando una granata da 15 pollici contro un foglio di carta velina, il proiettile fosse tornato indietro a colpirmi.

Figura 6.4 Ernest Rutherford in una foto del 1908.

In un articolo pubblicato nel 1911 sul *Philosophical Magazine*, Rutherford interpretò questi risultati ipotizzando che la carica positiva dell'atomo debba essere concentrata in un piccolo punto centrale che ne porta anche quasi tutta la massa: il nucleo. È allora spontaneo pensare a un modello planetario dell'atomo. Gli elettroni negativi ruotano intorno al nucleo positivo come i pianeti attorno al Sole, grazie alla forza elettrostatica coulombiana, che come sappiamo ha matematicamente la stessa forma della forza gravitazionale newtoniana. In particolare, nel modello di Rutherford l'atomo di idrogeno è costituito da un singolo elettrone con carica $-e$ che ruota intorno a un nucleo con carica $+e$.

Una conseguenza notevole è che, date le dimensioni relative di atomo e nucleo (ordini di grandezza indicativi rispettivamente di 10^{-10} m e di 10^{-15} m, ossia un rapporto di 100.000 a 1), in pratica l'atomo è fatto di vuoto e con esso tutta la materia. Una rappresentazione mentale di queste dimensioni relative è illuminante: se il nucleo fosse una pallina di 1 cm di raggio, l'elettrone sarebbe un puntino che si trova a 1 km di distanza.

Degno di nota è poi il metodo sperimentale stesso usato per l'esperimento del foglio d'oro. Per esplorare entità fisiche sempre più piccole, a cominciare dall'atomo, si possono inviare delle particelle come "proiettili" opportunamente accelerati e studiare gli effetti degli urti o *scattering*. Questo approccio viene infatti universalmente usato nella fisica delle particelle: lo scattering è il "microscopio" della fisica atomica e subatomica. Dalle variazioni di determinati parametri fisici dopo l'urto, rispetto a quelli prima dell'urto, si deducono informazioni sulla struttura e le dimensioni del sistema fisico in esame o sulla natura e gli effetti dell'interazione che le particelle subiscono collidendo.

A ben pensarci, questo non è poi sorprendente: il processo è del tutto simile a quello che avviene usando come sonda le onde elettromagnetiche. Se macroscopicamente vediamo un oggetto è perché la luce che incide sulla superficie dell'oggetto stesso viene riflessa e diffusa (processo di scattering). Quando arriva ai nostri occhi, la luce riflessa porta informazioni sull'oggetto che il nostro apparato percettivo e il nostro cervello sono in grado di decodificare e interpretare.

Le scoperte dell'elettrone e del nucleo rappresentano evidentemente un epocale passo avanti nella comprensione della struttura della materia. Tuttavia, anche il modello atomico planetario di Rutherford non funziona e dovette essere superato.

Isotopi

Sappiamo che leggi come quella delle proporzioni chimiche e quella di Lavoisier, nonché il numero di Avogadro, si basano sul peso atomico (o massa atomica). A seguito della scoperta del nucleo divenne presto chiaro che invece le proprietà chimiche degli atomi (come dimensione atomica, carattere metallico, energia di ionizzazione, valenza, capacità di formare legami chimici) dipendono non dal peso bensì dal numero atomico Z.

Il numero atomico è il valore della carica positiva del nucleo in unità e (cioè il numero di protoni contenuti nel nucleo), che coincide con il numero di elettroni negativi nell'atomo neutro, un numero intero quindi. Un elemento chimico è univocamente identificato dal numero atomico: l'idrogeno ha $Z=1$, il carbonio $Z=6$, l'ossigeno $Z=8$, il rame $Z=29$ e così via.

La tavola periodica degli elementi proposta da Dmitrij Ivanovič Mendeleev (1834-1907) nel 1869 inquadrava gli elementi conosciuti raggruppando quelli con proprietà chimiche simili. Mendeleev aveva costruito la sua tavola mettendo gli elementi in ordine crescente di peso atomico. Il primo a suggerire che l'ordine corretto da seguire è invece il numero atomico crescente fu Antonius van den Broek (1870-1926), idea confermata nel 1913 dai risultati sperimentali di Henry Moseley (1887-1915).

Nel nucleo dell'atomo sono presenti anche i neutroni, scoperti da James Chadwick (1891-1974) nel 1932, che hanno carica elettrica nulla e massa leggermente superiore a quella dei protoni, scoperti da Rutherford nel 1919. La massa dell'atomo, sostanzialmente

quella del nucleo, dipende perciò dal numero di protoni e neutroni insieme, detto numero di massa A e che per definizione è un numero intero. Il numero di neutroni è dato dalla differenza A - Z.
In generale uno stesso elemento chimico, quindi con dato numero atomico Z, si presenta in natura in diverse forme, dette isotopi, che differiscono tra di loro solo per il numero di neutroni e di conseguenza hanno diverso numero di massa. Un isotopo di un generico elemento X con numero atomico Z e numero di massa A viene indicato in questo modo:

$$^{A}_{Z}X$$

La massa atomica di un isotopo in unità *u* (1/12 del peso dell'isotopo carbonio-12, preso come riferimento) in generale è un numero non intero che è approssimativamente uguale ad A.
A titolo di esempio, il rame ($_{29}Cu$) ha due isotopi naturali stabili:

$$^{63}_{29}\mathrm{Cu} \qquad ^{65}_{29}\mathrm{Cu}$$

la cui abbondanza (in peso) sulla Terra è rispettivamente del 69% e del 31%. Il rame-63 ha 29 protoni e 34 neutroni e una massa atomica di 62,929 *u*. Il rame-65 ha 29 protoni e 36 neutroni e una massa atomica di 64,927 *u*.
La massa atomica standard di un elemento è definita come la media delle masse atomiche dei suoi isotopi, pesata con l'abbondanza degli stessi. Essendo una media, la massa atomica standard numericamente si discosta dai valori di A dei singoli isotopi coinvolti. Per il rame:

$$0{,}69 \cdot 62{,}929u + 0{,}31 \cdot 64{,}927u = 63{,}548u$$

Determinando sperimentalmente la massa atomica di un elemento naturale, quello che si trova altro non è che il valore medio delle masse dei suoi isotopi, ossia la massa atomica standard.

Spettri atomici

L'idea che il sistema solare e l'atomo (cioè il molto grande e il molto piccolo, un fenomeno celeste e un fenomeno alla base della costituzione della materia) possano essere descritti sostanzialmente da uno stesso modello meccanico è allettante in un'ottica di unificazione. Il passaggio dalla gravità all'elettromagnetismo come forza attrattiva interna del modello planetario, tuttavia, non è affatto indolore. L'elettrone nella sua orbita chiusa (circolare o ellittica che sia) è sottoposto a un'accelerazione centripeta, ma una carica accelerata irradia energia sotto forma di onde elettromagnetiche. Se l'elettrone compisse f giri al secondo intorno al nucleo (frequenza orbitale), emetterebbe un'onda elettromagnetica di frequenza f. L'elettrone perderebbe l'energia cinetica che corrisponde all'energia dell'onda emessa e di conseguenza passerebbe con continuità a orbite di raggio sempre minore finendo per cadere rapidamente sul nucleo. Nel processo verrebbe emesso uno spettro elettromagnetico continuo. Il modello planetario dell'atomo, in altre parole, secondo l'elettromagnetismo di Maxwell non è stabile.

D'altra parte, la struttura con nucleo ed elettroni è un dato di fatto e gli atomi evidentemente sono stabili. Anzi, sono molto più stabili di un sistema planetario gravitazionale, dato che rimangono illesi a fronte di sollecitazioni esterne che, in proporzione, smantellerebbero completamente le traiettorie dei corpi di un sistema solare.

Niels Bohr (1885-1962) si pose allora il problema di come giustificare la stabilità degli atomi. Un determinante indizio proveniva da un'altra evidenza sperimentale riguardo gli atomi che il modello di Rutherford non è in grado di spiegare. Già dalle osservazioni di Gustav Kirchhoff (1824-1887) e Robert Bunsen (1811-1899) del

1859 era noto infatti che gli atomi possono assorbire ed emettere radiazione elettromagnetica solo a certe frequenze, cioè mostrano uno spettro discreto.

In ambito macroscopico, qualunque oggetto a temperatura sopra lo zero assoluto emette radiazioni elettromagnetiche dalla sua superficie con uno spettro continuo, quindi a tutte le frequenze, ma con intensità più elevata in una certa regione dello spettro in dipendenza della temperatura. Questo tipo di emissione elettromagnetica si chiama radiazione termica.

Gli oggetti a temperatura ambiente emettono principalmente nell'infrarosso, a lunghezze d'onda non rilevate dall'occhio umano. Vediamo gli oggetti che ci circondano perché riflettono luce visibile proveniente da una fonte esterna. Potremmo vederli al buio se il nostro apparato visivo fosse sensibile all'infrarosso, ovvero qualora abbiano una temperatura superficiale tale da emettere nel visibile. Se per esempio un oggetto metallico (come il filamento di una lampadina) viene scaldato, man mano che la temperatura sale viene emessa luce visibile la cui colorazione diventa rossastra e tende poi al bianco.

L'andamento dell'intensità della radiazione emessa in funzione della frequenza dipende dalla temperatura ma anche dalla sostanza stessa, dalla sua forma geometrica e dalle caratteristiche della sua superficie. Il modello di riferimento per lo studio dell'emissione elettromagnetica di tipo termico è il cosiddetto "corpo nero", introdotto da Kirchhoff nel 1860. Si tratta di un modello idealizzato di un corpo emittente (e parimente assorbente) a cui gli oggetti fisici si avvicinano con un certo grado di approssimazione. Ovviamente il corpo nero non va confuso con il buco nero, per il quale invece l'attributo "nero" si riferisce al fatto che viene assorbito tutto ma non viene emesso nulla.

L'utilità di questo modello è la sua universalità: la caratteristica essenziale del corpo nero è infatti che il suo spettro dipende unicamente dalla temperatura, l'andamento che ci interessa studiare, consentendo così di svincolarci dalle caratteristiche specifiche di ogni singolo oggetto. L'universalità discende dal fatto che il corpo nero presenta per ogni frequenza l'intensità massima possibile sia come emissione sia come assorbimento.

Nella figura 6.5 è riportato lo spettro del corpo nero per tre diverse temperature, dove in ordinata si mette l'intensità della radiazione. Al diminuire della temperatura la curva si appiattisce, l'intensità del picco si abbassa e si sposta verso lunghezze d'onda maggiori (frequenze minori). Un caso di notevole interesse è la radiazione cosmica di fondo diffusa in tutto l'universo quale residuo del Big Bang, la quale presenta un perfetto spettro di corpo nero corrispondente a una temperatura di soli 2,7 K e il cui picco ricade nella regione delle microonde.

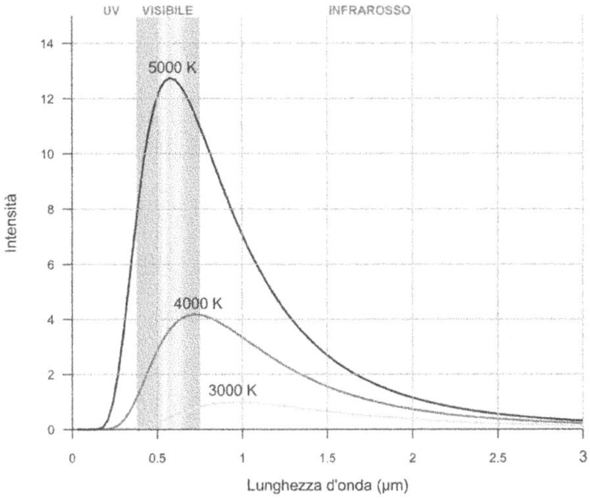

Figura 6.5 Spettro continuo del corpo nero.

L'origine della radiazione termica risiede nel moto disordinato di agitazione termica a cui sono sottoposte le molecole e quindi gli atomi componenti l'oggetto macroscopico: moto libero nei gas e in parte nei liquidi, vibrazioni attorno al punto di equilibrio meccanico nei solidi e in parte nei liquidi. A differenza di quanto avviene nel modello del gas ideale, gli atomi infatti in realtà si urtano tra di loro anche in maniera anelastica e di conseguenza si portano a stati eccitati (ossia a valori più elevati) della loro energia interna, restituendo poi all'esterno l'energia in eccesso sotto forma elettromagnetica.

La radiazione termica è un fenomeno macroscopico che presenta uno spettro continuo. Supponiamo invece di volere analizzare lo spettro elettromagnetico emesso o assorbito da un singolo atomo. Questo si può fare utilizzando un gas rarefatto, per esempio idrogeno, in cui gli atomi sono di fatto isolati uno dall'altro e non parti di una struttura macroscopica complessa come avviene nei solidi. Nel gas viene prodotta una scarica elettrica per eccitare l'emissione.

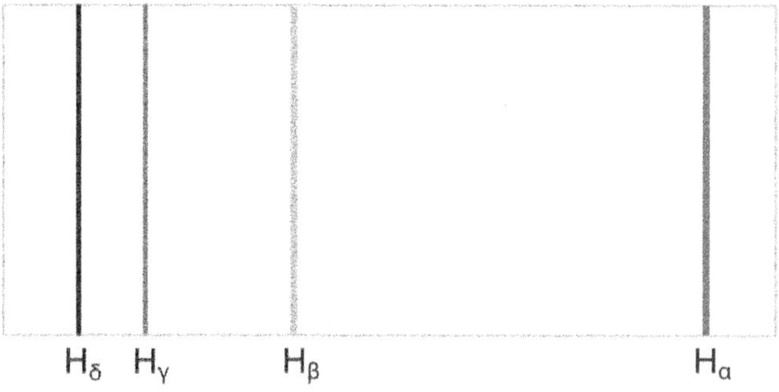

Figura 6.6 Spettro discreto dell'idrogeno nel visibile.

Il risultato sperimentale è che l'atomo non emette uno spettro continuo, ma solo delle precise frequenze discrete. Un risultato sorprendente, dato che in un modello planetario tutte le orbite e quindi tutte le energie sono possibili. Nella figura 6.6 si vedono alcune di queste "righe" emesse nel visibile dall'atomo di idrogeno. L'immagine viene ottenuta facendo passare la luce emessa attraverso una stretta fessura prima di separare le frequenze componenti mediante un prisma. A parte le righe colorate, in tutto il resto della banda non c'è alcuna emissione (lo sfondo in un esperimento verrebbe nero). Le righe sono ordinate per lunghezze d'onda crescente da sinistra a destra:

- H_δ (violetto) 410,17 nm
- H_γ (blu) 434,05 nm
- H_β (verde) 486,14 nm
- H_α (rosso) 656,45 nm

Una sorta di "negativo" di questa immagine si ottiene misurando lo spettro di assorbimento anziché quello di emissione. Facendo passare una radiazione elettromagnetica con spettro continuo attraverso il gas idrogeno, questo assorbe solo delle precise frequenze discrete, le stesse dell'emissione. A valle di questo passaggio si ottiene allora una banda multicolore che è lo spettro continuo, però con alcune righe nere corrispondenti alle frequenze discrete mancanti perché assorbite dal gas, che corrispondono a quelle della figura 6.6.

L'atomo pertanto emette e assorbe le medesime frequenze discrete, le quali inoltre sono caratteristiche di ogni elemento. Elementi diversi hanno spettri discreti diversi, il che rappresenta un ottimo mezzo per stabilire la composizione di un materiale e in generale per identificare un elemento.

Un'importante applicazione è l'analisi spettroscopica della luce stellare, la quale non ha mai rilevato elementi diversi da quelli che si trovano sulla Terra: una conferma che gli elementi sono universali, gli stessi in ogni parte del cosmo. La riga H_α è molto importante in astrofisica per rilevare la presenza dell'idrogeno; viene emessa per esempio dallo strato più esterno del Sole, la fotosfera, da cui ci arriva la luce solare.

La scoperta dell'elio

Sotto la fotosfera solare c'è un altro strato di gas, chiamato cromosfera, più freddo dell'interno della nostra stella. Lo spettro continuo emesso dal Sole passando attraverso la cromosfera subisce degli assorbimenti: le frequenze delle righe scure discrete che si rilevano identificano gli elementi presenti in questo strato del Sole.

Una sorpresa si ebbe quando, nel 1868, durante un'eclissi solare fu trovata una riga di assorbimento non nota nello spettro della luce solare, una riga dalla lunghezza d'onda di 587,49 nm (giallo). Inizialmente la si attribuì erroneamente al sodio, ma ben presto fu chiaro che era stato scoperto un nuovo elemento fino a quel momento sconosciuto, a cui fu dato il nome di elio (dal greco ἥλιος, *hèlios*, "Sole") con simbolo chimico *He*.
Poi nel 1881 la stessa riga spettrale fu identificata anche sulla Terra, nel materiale proveniente da un'eruzione del Vesuvio. Infine, nel 1895, l'elio fu isolato da William Ramsay (1852-1916) estraendolo da un minerale terrestre fortemente radioattivo chiamato cleveite. Sebbene relativamente raro sulla Terra, l'elio, l'elemento più semplice e più leggero dopo l'idrogeno (ha numero atomico Z=2), è anche il più abbondante nell'universo dopo l'idrogeno.

Tra il 1860 e il 1885 furono accumulati parecchi dati sperimentali sugli spettri discreti degli elementi. La scoperta di una regolarità in questi dati fu merito di Johann Jacob Balmer (1825-1898), il quale nel 1885 trovò una formula empirica che identifica correttamente le righe spettrali dell'idrogeno. Scritta nella forma datale da Johannes Rydberg (1854–1919) la formula è:

$$\frac{1}{\lambda} = R_H\left(\frac{1}{2^2} - \frac{1}{n^2}\right) \qquad n = 3,4,5,6, \ldots$$

dove

$$R_H = 1{,}097 \cdot 10^{-7}\ \mathrm{m}^{-1}$$

è la costante di Rydberg per l'idrogeno. I valori interi di *n* che vanno da 3 a 6 forniscono le lunghezze d'onda delle quattro linee nel visibile da H_α a H_δ. Per valori di *n* maggiori di 6 si ottengono altre linee nell'ultravioletto, una successione discreta infinita fino alla riga limite della serie di Balmer che si ottiene per n→∞ e che ha una lunghezza d'onda di 364,51 nm. Mentre le righe iniziali della serie, partendo da H_α, sono ben staccate, avvicinandosi al valore limite le righe si addensano parecchio. Per questo motivo di solito si studiano le prime righe e l'ultima, il limite della serie.

La formula che Rydberg propose, nel 1888, in realtà non era semplicemente una riscrittura di quella di Balmer ma piuttosto una generalizzazione. L'idea intuitiva è di sostituire il 2 al denominatore con altri numeri interi positivi piccoli, immaginando così l'esistenza di altre serie di righe spettrali dell'idrogeno oltre a quella di Balmer. La formula ideata da Rydberg, nella sua generalità, è cioè:

$$\frac{1}{\lambda} = R_H\left(\frac{1}{n_1^{\,2}} - \frac{1}{n_2^{\,2}}\right) \quad n_2 > n_1$$

Fissando l'intero positivo n_1 e facendo assumere a n_2 tutti i valori maggiori di n_1 si ottengono diverse serie di righe spettrali dell'idrogeno. Per n_1=2 si ritrova la serie di Balmer, l'unica conosciuta nel 1888.

Un trionfo per la formula di Rydberg arrivò quando, grazie a migliori spettrometri e a più raffinate tecniche di misura che permisero di andare al di là della regione del visibile, altre serie di righe spettrali previste dalla formula furono effettivamente rilevate sperimentalmente. Nel 1908 fu scoperta la serie di Paschen, nell'infrarosso, corrispondente a n_1=3 e con limite a 820,14 nm, nel periodo dal 1906 (anno di scoperta della prima riga) al 1914 fu la volta della serie di Lyman, nell'ultravioletto, corrispondente a n_1=1 e con limite a 91,13 nm. Più avanti negli anni furono poi scoperte anche le serie corrispondenti a n_1=4 (Brackett, 1922) e a n_1=5 (Pfund, 1924), entrambe nell'infrarosso.

La formula di Rydberg, mostrando che le lunghezze d'onda dello spettro atomico discreto non sono distribuite casualmente, ha il grande pregio di inquadrare i dati sperimentali in un preciso schema. Quale sia il significato fisico di questo schema però non è ancora noto. Infatti la formula a sua volta non è inquadrata in una teoria:

funziona, ma non si sa perché, nel rendere conto di dati sperimentali che non sono deducibili dalle teorie fisiche già conosciute.

È evidente comunque che le righe discrete e la struttura della formula stessa puntano alla discretizzazione dei possibili valori di lunghezza d'onda (o frequenza) e quindi di energia della radiazione elettromagnetica che l'atomo può assorbire ed emettere. Infatti, il reciproco della lunghezza d'onda $1/\lambda$ è proporzionale alla frequenza e dunque all'energia; allora la differenza dentro la parentesi della formula di Rydberg non può che essere interpretata come differenza tra livelli di energia.

Sarà Bohr nel 1913 a elaborare una prima teoria; nel 1926 arriverà poi la teoria di Schrödinger.

Tre livelli della scoperta

Riguardo le righe spettrali, vediamo articolarsi tre diverse fasi che sono tipiche dell'impresa scientifica:

- Raccolta dei dati sperimentali (spettroscopia atomica).
- Scoperta di una legge o regola che ne fissa le regolarità numeriche (formula di Rydberg); la formula mostra anche una capacità predittiva.
- Elaborazione di una teoria fisica che inquadra e spiega questa legge empirica così come svariati altri dati fenomenici (Bohr, Schrödinger).

Ci sono altri notevoli esempi di queste tre fasi, che abbiamo già incontrato.

Riguardo le leggi di Keplero:

- Raccolta dei dati astronomici sul sistema solare (Brahe).
- Scoperta in questi dati di regolarità, codificate come leggi di tipo geometrico (Keplero).
- Elaborazione della teoria della gravità che fornisce, oltre a molto altro, l'origine fisica di queste leggi geometriche (Newton).

Riguardo la caduta dei gravi:

- Raccolta di dati numerici da misure sul moto verticale dei corpi (Galilei).
- Determinazione di una legge empirica sulla caduta dei gravi (Galilei).
- Elaborazione della teoria della gravità che conferisce un significato fisico a questa legge empirica (Newton).

Riguardo le leggi delle proporzioni chimiche:

- Raccolta dei pesi dei reagenti e dei prodotti di una reazione.
- Estrazione di leggi di regolarità sulle proporzioni (Lavoisier, Proust, Dalton).
- Inquadramento delle leggi empiriche in una teoria atomica che le spiega (Dalton).

Riguardo la tavola periodica degli elementi:

- Raccolta di dati sperimentali sulle proprietà chimiche degli elementi.
- Classificazione delle regolarità nelle proprietà degli elementi in una tabella periodica ordinata in maniera crescente secondo il peso atomico (Mendeleev) e poi secondo il numero atomico (van den Broek, Moseley). Tale classificazione è anche dotata di potere predittivo circa elementi non noti, che devono stare nelle caselle vuote.
- Spiegazione della tavola periodica mediante la struttura elettronica prevista dalla moderna teoria atomica (Schrödinger, Pauli).

Nel proporre la sua teoria dell'atomo, Bohr attinse da una parte agli spettri discreti e alla formula di Rydberg, dall'altra al fatto che una discretizzazione dell'energia elettromagnetica era già stata proposta da Max Planck (1858-1947) e poi confermata da Albert Einstein.

Il fotone

Le curve di intensità dello spettro continuo del corpo nero furono ricavate da Planck mediante una sua nuova teoria del fenomeno proposta nel 1900 e riproducono bene i risultati sperimentali.

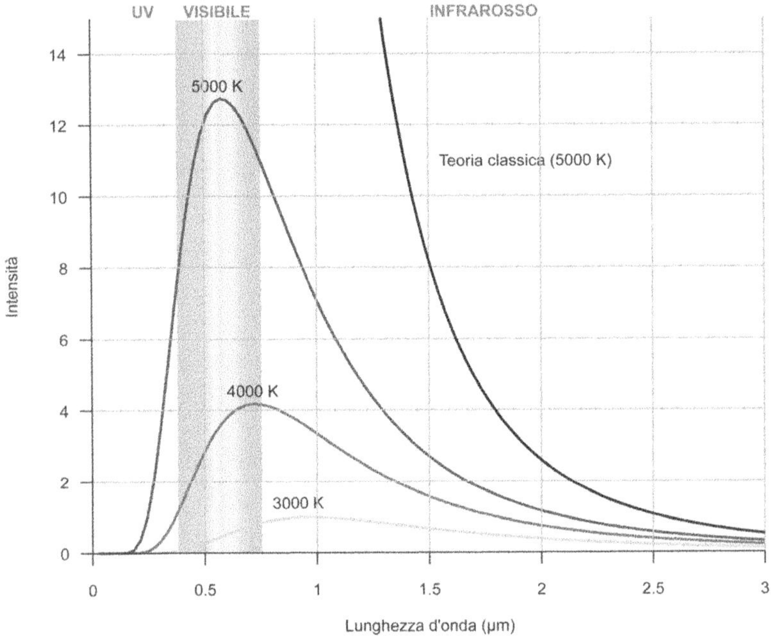

Figura 6.7 La catastrofe ultravioletta.

Le curve ricavate mediante teorie classiche basate sull'elettromagnetismo di Maxwell invece se ne discostavano, per di più andando a infinito per basse lunghezze d'onda, come si vede nella figura 6.7: la cosiddetta "catastrofe ultravioletta". Per far sì che la sua formula per la radiazione di corpo nero fosse conforme all'esperimento, Planck introdusse euristicamente quello che chiamò "quanto d'azione". Un'ipotesi *ad hoc*, l'unica maniera per far tornare i conti ma totalmente estranea alla fisica classica, tant'è che il "rivoluzionario riluttante" Planck definì la sua congettura "un atto di disperazione".

L'ipotesi è che il campo elettromagnetico possa scambiare energia con la materia non in maniera continua bensì solo per incrementi discreti proporzionali alla frequenza dell'onda elettromagnetica associata:

$$E = hf$$

dove

$$h = 6{,}626 \cdot 10^{-34}\ \mathrm{J \cdot s}$$

è la costante di Planck. Essendo il rapporto tra un'energia e una frequenza (inverso di un tempo), la costante di Planck è espressa in unità di energia (Joule) moltiplicato tempo (secondi).

La costante di Planck gioca un ruolo fondamentale in meccanica quantistica, dove è onnipresente, prendendo così posto tra le costanti della natura.

In molte formule la costante di Planck compare divisa per 2π, per cui è molto comune impiegare direttamente il valore $h/2\pi$, identificato dall'apposito simbolo $\hbar$ ("acca tagliato"):

$$\hbar = 1{,}055 \cdot 10^{-34}\ \mathrm{J \cdot s}$$

Quindi h e $\hbar$ si usano entrambe e di norma vengono chiamate entrambe costante di Planck. Ove si voglia distinguere, $\hbar$ viene denominata costante di Planck ridotta o talvolta costante di Dirac.

Entrambi gli aspetti dell'idea di Planck, la discretezza dell'energia e la sua proporzionalità alla frequenza, sono necessari per ottenere le curve di emissione corrette. Entrambi questi aspetti sono in netto contrasto con la teoria dell'elettromagnetismo di Maxwell. Il significato che Planck assegnava alla sua relazione $E=hf$ era tuttavia piuttosto limitato. Un'ipotesi di lavoro riferita esclusivamente all'energia di un sistema fisico oscillante, qual è la radiazione elettromagnetica all'interno della cavità che modellizza un corpo nero. Planck riteneva che invece, una volta irradiata, l'energia elettromagnetica fosse continua e cercò a lungo di conciliare la sua idea con la fisica classica.

Fu Einstein nel 1905 a introdurre, nella sua teoria dell'effetto fotoelettrico, il significato fisico di hf come quanto elettromagnetico. Si tratta di un fenomeno che alla fine dell'Ottocento veniva studiato sperimentalmente e che presenta modalità sorprendenti in contraddizione con la teoria classica dell'elettromagnetismo.

L'effetto fotoelettrico consiste in questo: illuminando una certa superficie metallica con una radiazione elettromagnetica monocromatica, per esempio ultravioletta, si osserva una fuoriuscita di elettroni dal metallo.

Se il metallo in questione è quello del catodo di un tubo a vuoto, applicando una tensione elettrica gli elettroni emessi vengono attirati verso l'anodo e si forma una corrente che può essere misurata. Fu così che se ne accorse per primo Hertz eseguendo il suo esperimento del 1887 in cui produsse onde elettromagnetiche. Paradossalmente, lo stesso esperimento che provò la correttezza della teoria di Maxwell pose le basi per la successiva teoria che ne avrebbe contraddetto alcuni aspetti.

Fin qui nulla di strano, comunque. Un elettrone è legato all'interno dell'atomo (o della molecola, o della struttura cristallina) con una certa energia; se l'energia fornita dall'onda elettromagnetica incidente supera l'energia di legame, l'elettrone viene espulso e l'atomo ionizzato. L'energia in eccesso rispetto al minimo necessario si ritrova come energia cinetica dell'elettrone emesso.

Eseguiamo allora l'esperimento con diversi valori di frequenza e di intensità dell'onda incidente e misuriamo ogni volta l'energia cinetica degli elettroni emessi.

Le previsioni della teoria classica, peraltro del tutto intuitive nell'ambito di un fenomeno continuo, sono:

- La radiazione elettromagnetica trasferisce agli elettroni negli atomi della superficie del catodo, in maniera continua e distribuita, un ammontare di energia nell'unità di tempo data dalla sua intensità I. Dopo un certo intervallo di tempo l'energia trasferita supera l'energia di legame e si ha l'emissione. La durata di questo intervallo temporale è tanto maggiore quanto minore è l'intensità dell'onda; con intensità sufficientemente basse l'intervallo è abbastanza lungo da essere misurabile.

- La frequenza della radiazione incidente non ha effetto sull'emissione; gli elettroni vengono emessi a qualunque frequenza.
- L'energia cinetica degli elettroni emessi aumenta all'aumentare dell'intensità della radiazione, perché aumenta l'energia in eccesso rispetto a quella di emissione.
- Poiché è l'intensità che conta nel trasferimento di energia, a parità di intensità l'energia cinetica è la stessa qualunque sia la frequenza, che quindi non ha effetto sull'energia cinetica degli elettroni emessi.

I risultati sperimentali contraddicono invece tutte queste previsioni. Infatti si trova che:

- Gli elettroni vengono emessi quasi istantaneamente (tempi inferiori a 10^{-9} s) indipendentemente dall'intensità, anche se questa è molto bassa.
- Esiste una frequenza di soglia f_s, caratteristica del metallo utilizzato, andando sotto la quale nessun elettrone viene emesso, per quanto si aumenti l'intensità.
- A parità di frequenza, l'energia cinetica degli elettroni emessi è indipendente dall'intensità.
- A parità di intensità, l'energia cinetica degli elettroni emessi aumenta all'aumentare della frequenza.

Einstein estese l'idea di Planck, ipotizzando che l'energia di un'onda elettromagnetica viaggi sempre in pacchetti discreti, dati dalla relazione $E=hf$, non solo nello scambio con la materia. Il "quanto di luce" o "atomo di luce" fu universalmente chiamato fotone a partire dal 1928, dopo che questo termine, comparso qualche anno prima, fu utilizzato da Arthur Compton (1892-1962). La parola "fotone" deriva dal greco φῶς, genitivo φωτός (*phòs, photòs*), che significa "luce".

La teoria di Einstein spiega le caratteristiche sperimentali dell'effetto fotoelettrico, le quali, una volta compreso che si tratta di un fenomeno discreto, pure appaiono del tutto intuitive.

- Il singolo fotone interagisce con un singolo elettrone dell'atomo cedendogli tutta la propria energia. Si tratta di un processo discontinuo: l'interazione avviene in un punto spaziale e in un istante di tempo. Non ci può essere quindi accumulo di energia, si tratta di un fenomeno particellare e localizzato, non ondulatorio e distribuito. Se l'intensità è minore questo vuol dire semplicemente che incidono meno fotoni nell'unità di tempo, ma ciascuno di essi può causare la liberazione di un elettrone.
- La soglia di frequenza è quel valore per cui l'energia dei singoli fotoni è pari all'energia di legame degli elettroni nell'atomo. Per frequenze minori della soglia i fotoni, per quanto siano numerosi, non hanno energia sufficiente per espellere gli elettroni.
- L'intensità corrisponde al numero di fotoni per unità di tempo, non all'energia del singolo fotone, quindi non ha effetto sull'energia cinetica degli elettroni emessi ma sul loro numero.
- Aumentando la frequenza si aumenta l'energia hf del singolo fotone. Se questa energia è sufficiente, l'elettrone ne usa una parte per slegarsi dall'atomo e il resto è la sua energia cinetica.

Da quanto detto si vede che il fotone, poiché interagisce in maniera localizzata, si comporta come una particella puntiforme. Nell'effetto fotoelettrico la radiazione incidente si comporta non come una radiazione ondulatoria bensì come una radiazione particellare.

Il fotone ha energia $E=hf=hc/\lambda$, non ha carica elettrica e si muove nel vuoto con velocità c. La teoria della relatività prevede che una particella che si muove con la velocità limite debba avere una massa nulla, ma che possieda tuttavia un momento lineare non nullo dato da $p=E/c$. Per il fotone vale pertanto:

$$p=\frac{h}{\lambda}$$

Si tratta di un'espressione del momento profondamente diversa da quella, $p=mv$, che vale per una particella materiale non relativistica.

L'esistenza del momento lineare del fotone è dimostrata dal fenomeno dell'effetto Compton (*Compton scattering*), il quale conferma così il carattere particellare del quanto elettromagnetico.

A seguito di una serie di esperimenti, Arthur Compton fece vedere nell'articolo del 1923 *A Quantum Theory of the Scattering of X-Rays by Light Elements* ("Una teoria quantistica della diffusione di raggi X da parte di elementi leggeri") come un fotone altamente energetico (nella fascia dei raggi X) venga deviato nell'urto con un elettrone, esattamente come avviene per una particella. Il fotone in conseguenza dell'urto modifica il proprio momento lineare e dunque la propria lunghezza d'onda, che è ciò che si rileva sperimentalmente e che non si può spiegare mediante l'approccio classico basato sulle onde. Il modello del fenomeno prevede che l'elettrone assorba il fotone incidente e ne riemetta un altro a frequenza diversa.

Nell'articolo citato Compton conclude:

> Il supporto sperimentale della teoria indica in maniera molto convincente che un quanto di radiazione porta con sé momento oltre che energia.

Successivamente si constatò che il fotone possiede anche un momento angolare di spin.

Il fotone è un tipo molto particolare di particella, dato che è privo di massa (a differenza dei corpuscoli di luce newtoniani): un'idea senz'altro distante dal concetto classico di parte elementare. Riuscire a immaginare una particella la cui energia, momento lineare e angolare non sono portati da qualcosa di materiale non è del tutto immediato. D'altra parte, si tratta dello stesso tipo di difficoltà incontrata inizialmente nell'assegnare realtà e grandezze fisiche, ma non massa, al campo elettromagnetico classico macroscopico.

L'elettrone e il fotone rappresentano le prime due particelle elementari che sono state scoperte e che a tutt'oggi rimangono tali, senza che si sia rilevata una loro ulteriore composizione in parti. La scoperta dell'elettrone, conseguente e di fatto contestuale alla scoperta dell'atomo, mostra la discretezza della materia. La scoperta del fotone mostra la discretezza dell'altro tipo di entità fisica esistente, il campo elettromagnetico. Se l'elettrone è uno dei mattoni ultimi di cui è fatto il mondo materiale, il fotone è il meccanismo ultimo mediante il quale agisce una delle interazioni fondamentali che tengono insieme il mondo.

La scienza dell'Ottocento era però giunta alla conclusione altrettanto convincente che il campo elettromagnetico è fatto di onde. Si riapre quindi la vecchia diatriba circa la natura ondulatoria o corpuscolare della luce, segnando un punto a favore del corpuscolo?

In realtà non è possibile immaginare che le onde elettromagnetiche, se solo andiamo a guardare abbastanza da vicino, semplicemente siano fatte da fotoni. La questione della scala non si pone in questi termini. Uno sciame di particelle classiche, per quanto piccole, non potrebbe realizzare i fenomeni di diffrazione e interferenza che sono tipici delle onde: l'onda è un'entità continua distribuita e non c'è modo di ridurla a un insieme di corpuscoli discreti.

La scoperta del fotone comporta quindi qualcosa di ben più profondo: una visione dualistica. Non certo un dualismo cartesiano, ma uno di tipo fisico in cui l'aspetto ondulatorio e quello corpuscolare sussistono entrambi ma si manifestano in circostanze fisiche diverse. Il campo elettromagnetico si comporta come un'onda in fenomeni d'interferenza come l'esperimento di Young, ma d'altra parte si comporta come una particella in fenomeni come l'effetto fotoelettrico e l'effetto Compton.

Ritorneremo sull'argomento perché il dualismo onda-particella si presenta non solo per il campo elettromagnetico ma anche per la materia, in particolare per l'elettrone. È a questo fatto determinante che dedicheremo infatti la nostra attenzione, perché è da qui che parte la comprensione della struttura dell'atomo e lo sviluppo della meccanica quantistica.

7
L'equazione di Schrödinger

L'atomo di Bohr

Nel 1913 Bohr presentò il suo modello dell'atomo nell'articolo *On the Constitution of Atoms and Molecules* ("Sulla costituzione di atomi e molecole"), pubblicato in tre parti sul *Philosophical Magazine*.

Il punto di partenza è il sistema fisico costituito dall'elettrone che percorre un'orbita circolare attorno al nucleo a causa della forza elettrostatica coulombiana, seguendo le leggi della meccanica newtoniana. Il modello di Bohr si basa quindi su tre postulati:

1. Non tutte le orbite sono fisicamente possibili: sono ammesse solo quelle per cui il momento angolare orbitale è pari a un multiplo intero della costante di Planck ridotta:

$$L = n\hbar \quad n = 1,2,3,\ldots$$

2. Le orbite ammesse sono stabili: l'elettrone percorrendole non irradia e quindi mantiene costante la sua energia.
3. L'atomo emette una radiazione elettromagnetica solo quando l'elettrone passa da un'orbita con energia E_i a una con un'e-

nergia minore E_f. La frequenza della radiazione emessa è data dalla differenza di energia divisa per la costante di Planck:

$$f = \frac{E_i - E_f}{h}$$

Allo stesso modo, l'elettrone può passare da un'orbita a un'altra con energia maggiore se l'esatta differenza di energia viene fornita dall'esterno.

Va notata l'esplicita assunzione di un'orbita circolare: ancora una volta la traiettoria "perfetta", in questo caso probabilmente per una questione di semplicità.

I postulati 1 e 2 risolvono il problema della stabilità dell'atomo in un modo molto diretto: prendendone atto. Si tratta di una maniera di procedere essenziale per la scienza. A un dato momento, le

Figura 7.1 Niels Bohr con Albert Einstein nel 1930.

teorie fisiche correnti possiedono un alto grado di capacità esplicativa e predittiva in termini quantitativi. Ci veniamo a trovare però di fronte a un fenomeno evidente che non è spiegabile mediante la fisica conosciuta o è in contrasto con questa. In tal caso non resta che accettare il fenomeno come tale e di conseguenza limitare la teoria a un determinato campo di validità, modificarla, estenderla, o persino sostituirla. Questa "rottura" però non è da farsi con leggerezza, perché dipende criticamente da due fondamentali verifiche:

- il riconoscimento dell'effettiva genuinità del fenomeno in esame;
- la dimostrazione dell'impossibilità di conciliare il fenomeno con le teorie conosciute.

Sarebbe però metodologicamente errata, in ogni caso, un'argomentazione di questo tipo: poiché le leggi della natura conosciute non prevedono un dato fenomeno, allora questo fenomeno non esiste.

Il postulato 1 di Bohr stabilisce in particolare quali sono esattamente le orbite fisicamente possibili. Prendiamo in considerazione l'atomo di idrogeno-1 (un solo elettrone e un solo protone). Nella teoria classica l'energia totale E dell'elettrone è inversamente proporzionale al raggio r dell'orbita:

$$E = -\frac{k_e e^2}{2r}$$

Inoltre, la relazione tra il raggio e il momento angolare L è:

$$r = \frac{L^2}{k_e m_e e^2}$$

Tutti i valori di r (e quindi di L e di E) sono possibili, in maniera continua. Bohr impone invece la quantizzazione di L (la scelta che si rivela più adatta), cosa che di conseguenza conduce alla quantizzazione di r e di E. I possibili valori del momento angolare e quindi del raggio e dell'energia vengono cioè ristretti a un insieme di valori discreti caratterizzati da un numero intero n.

Facendo i calcoli, si trova che i possibili valori discreti del raggio e dell'energia sono dati da:

$$r_n = n^2\, a_0, \quad E_n = -\frac{R_E}{n^2} \qquad n = 1,2,3,\ldots$$

dove le costanti a_0 (raggio di Bohr) e R_E (energia di ionizzazione) valgono

$$a_0 = \frac{\hbar^2}{k_e m_e e^2} = 0{,}529\ \text{Å}, \quad R_E = \frac{k_e e^2}{2a_0} = 13{,}6\ \text{eV}$$

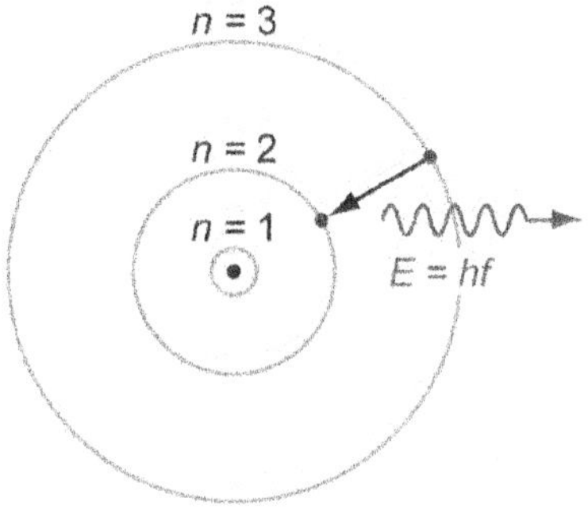

Figura 7.2 Raggi delle orbite dell'atomo di idrogeno.

Per i livelli energetici dell'atomo, al fine di evitare numeri troppo piccoli, si usa di preferenza l'unità di energia elettronvolt (1 eV = $1{,}602 \cdot 10^{-19}$ J).

L'orbita corrispondente a n=1 è la più piccola e più interna; ha raggio r_1=a_0 ed energia E_1=$-R_E$. Normalmente l'elettrone si trova in quest'orbita a energia minima e si dice che l'atomo è nello stato fondamentale; gli stati con n>1 si dicono stati eccitati. L'orbita corrispondente a n=2 ha raggio r_2=$4a_0$ ed energia E_2=$-R_E/4$, l'orbita corrispondente a n=3 ha raggio r_3=$9a_0$ ed energia E_3=$-R_E/9$ e così via.

Il riferimento dell'energia può essere fissato arbitrariamente perché fisicamente contano solo le differenze di energia. Una comoda scelta

Figura 7.3 Livelli energetici dell'atomo di idrogeno.

è porre uguale a zero l'energia dell'elettrone libero (in quiete e infinitamente lontano dal nucleo). Il segno negativo di E_1 significa quindi che l'energia dell'elettrone legato nello stato fondamentale è di 13,6 eV in meno rispetto al riferimento.

I raggi delle orbite stabili sono direttamente proporzionali a n^2; va osservato che poiché le orbite giacciono tutte sullo stesso piano, l'atomo di Bohr non è una sfera ma un disco piatto. I livelli energetici dell'atomo di idrogeno sono invece inversamente proporzionali a n^2, per cui al crescere di n la loro separazione diminuisce e l'energia diventa meno negativa; l'elettrone è sempre meno legato al nucleo e orbita sempre più lontano da questo. Per $n \to \infty$ la separazione tra i livelli tende a zero e il valore dell'energia pure, mentre il raggio tende a infinito. Il valore zero dell'energia segna il passaggio dal sistema legato atomo alle sue parti separate elettrone e protone; l'energia delle parti separate è continua, non è più soggetta alla quantizzazione.

Per ionizzare l'atomo di idrogeno bisogna fornire dall'esterno un ammontare di energia sufficiente a portare a zero l'energia dell'elettrone. Perciò, l'energia di ionizzazione dell'idrogeno (a partire dallo stato fondamentale) nel modello di Bohr è pari a 13,6 eV, esattamente il valore dell'energia di legame già noto per via sperimentale: un primo successo per questo modello.

Il postulato 3 altro non è che la relazione di Planck e di Einstein, a cui Bohr conferisce una terza interpretazione: come differenza di energia tra i livelli energetici quantizzati dell'atomo. Mettendo insieme questa interpretazione con quella di Einstein sulla quantizzazione del campo elettromagnetico, possiamo dire che nella transizione tra due livelli energetici discreti viene emesso o assorbito un fotone di appropriata frequenza.

Da notare che, nel caso di emissione, la particella fotone non è già esistente all'interno dell'atomo bensì viene creata al momento della transizione.

La validità dei postulati di Bohr risiede esclusivamente nelle conferme sperimentali del modello. Abbiamo già detto dell'energia di ionizzazione. Usando il postulato 3 e i livelli energetici quantizzati del postulato 1 si trova poi che nel modello di Bohr la frequenza della radiazione elettromagnetica emessa nella transizione tra due livelli generici (iniziale n_i e finale n_f) è

$$f = \frac{E_i - E_f}{h} = \frac{R_E}{h}\left(\frac{1}{n_f^2} - \frac{1}{n_i^2}\right)$$

da cui

$$\frac{1}{\lambda} = \frac{f}{c} = \frac{R_E}{hc}\left(\frac{1}{n_f^2} - \frac{1}{n_i^2}\right)$$

Questa formula è esattamente la stessa di Rydberg, ma con la costante R_E/hc ottenuta teoricamente, al posto della costante R_H misurata sperimentalmente. Si può constatare subito che i valori numerici delle due costanti coincidono.

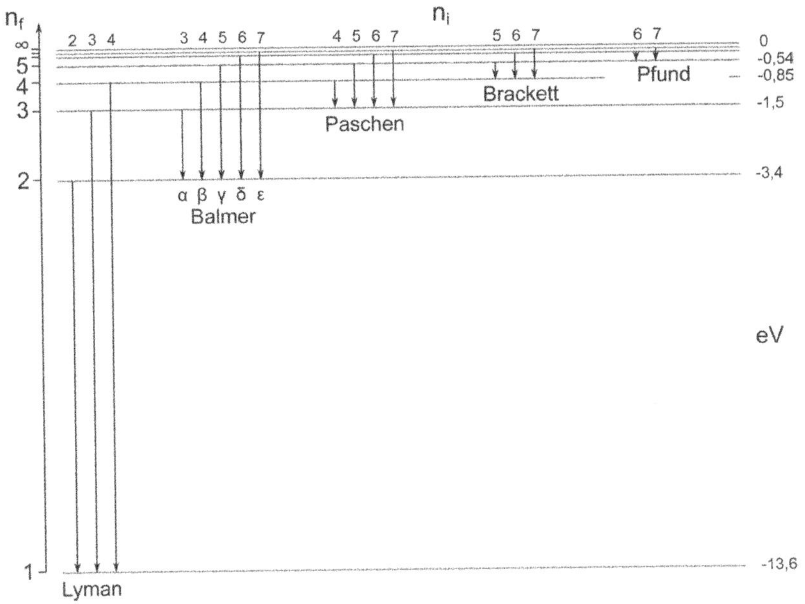

Figura 7.4 Transizioni dell'atomo di idrogeno.

Un trionfo per il modello atomico di Bohr, il quale pertanto prevede tutte le serie di righe spettrali dell'idrogeno e le spiega con le transizioni tra i livelli energetici discreti dell'atomo stesso (figura 7.4), in salita (assorbimento) o in discesa (emissione). Il livello n_f fissa la serie, i livelli n_i maggiori di n_f danno le righe che costituiscono la serie.

Un atomo nello stato fondamentale n=1 può acquisire dall'esterno la differenza di energia necessaria per portarsi a un livello più alto, ma questo valore deve essere esatto. A mo' di esempio, per portarsi a n=2 occorrono E_2–E_1=10,2 eV, mentre per portarsi a n=3 occorrono E_3–E_1=12,1 eV. Se l'energia di un fotone incidente ha esattamente uno di questi valori, allora avviene la transizione; il fotone viene assorbito e sparisce. Se invece il fotone ha un'energia che non corrisponde a nessuna differenza discreta, come per esempio 12,2 eV, allora non avviene nulla.

La quantizzazione dell'energia dell'atomo riceve un'ulteriore conferma perché la stessa cosa avviene se l'energia dall'esterno, anziché mediante un fotone, viene fornita dall'urto di un elettrone. L'esperimento condotto nel 1914 da James Franck (1882-1964) e Gustav Hertz (1887-1975, Heinrich Hertz era lo zio paterno) dimostra infatti che una transizione avviene solo quando l'energia cinetica dell'elettrone incidente sull'atomo ha esattamente il valore necessario. In tal caso l'elettrone perde tutta la sua energia cinetica e l'atomo viene eccitato a un livello superiore.

Tutti i sistemi fisici hanno una tendenza a portarsi al livello di energia minima. Infatti un atomo eccitato cede spontaneamente l'energia in eccesso e si riporta al livello fondamentale, eventualmente passando per i livelli discreti intermedi. Consideriamo a titolo di esempio un atomo di idrogeno eccitato al livello $n=3$. L'atomo ricade al livello fondamentale $n=1$, emettendo un fotone di energia 12,1 eV che corrisponde alla seconda riga della serie di Lyman. Oppure: l'atomo ricade al livello $n=2$, emettendo un fotone di energia 1,9 eV che corrisponde alla riga H_α della serie di Balmer; poi da qui al livello fondamentale, emettendo un fotone di energia 10,2 eV che corrisponde alla prima riga della serie di Lyman.

Quella di Bohr non è una teoria fisica interamente nuova, come avviene invece per esempio con la relatività speciale rispetto alla meccanica newtoniana. Bohr semplicemente aggiunge alle teorie classiche delle idee nuove pur se in contrasto con quelle: mantiene la meccanica newtoniana ma assume la quantizzazione del momento angolare, mantiene l'elettromagnetismo di Maxwell ma assume orbite senza irraggiamento. Assume transizioni discontinue o "salti quantici" tra livelli che non hanno alcun corrispettivo classico, dato che si tratta di salti da un valore di energia a un altro senza passare per i valori intermedi. Questa miscela di caratteristiche classiche e non classiche è quella che chiamiamo una teoria semiclassica.

Vale quello che Bohr chiamava "principio di corrispondenza": per grandi valori di n, il "numero quantico principale", si riottengono gli stessi risultati della fisica classica. La stessa cosa avviene con la relatività speciale di Einstein, la quale, quando le velocità v

in gioco sono basse rispetto alla velocità limite *c*, è indistinguibile dalla meccanica newtoniana. In un senso molto preciso, giacché le espressioni matematiche relativistiche tendono a quelle newtoniane per $v/c \to 0$.

Una teoria fisica dal successo consolidato, quindi, non viene semplicemente rigettata; quello che si verifica è che vengono ad aprirsi all'indagine nuove scale dei fenomeni fisici, scale di spazio, tempo, velocità, energia ecc., in cui la vecchia teoria non funziona e ne occorre una nuova più generale che inglobi la prima. È ciò che è avvenuto per velocità prossime a quella della luce e per sistemi legati della dimensione dell'atomo. Il passaggio tra la teoria più generale, universalmente valida, e quella che ne rappresenta un'approssimazione a una certa scala normalmente avviene grazie a un parametro di scala, come *c* o *n*; questo processo può essere visto anche come una unificazione.

Proprio perché basata sulla discretezza, la teoria di Bohr prese la denominazione di "quantistica", termine che è poi rimasto per la successiva teoria della meccanica quantistica moderna. Per distinguerle si parla oggi di "vecchia teoria quantistica" con riferimento alla teoria atomica di Bohr e alle successive modifiche che questa subì fino a circa il 1925, soprattutto a opera di Arnold Sommerfeld (1868-1951). Sommerfeld generalizzò l'approccio di Bohr alle condizioni di quantizzazione e, tra le altre cose, introdusse orbite ellittiche, oltre che circolari, per l'elettrone nell'atomo.

Il modello di Bohr e Sommerfeld ha avuto notevoli successi e viene ancora oggi impiegato in alcuni casi, in prima approssimazione, per la sua maggiore visualizzabilità e facilità di calcolo rispetto alla meccanica quantistica. Tuttavia questo modello mostrò presto le sue serie limitazioni:

- La teoria permette di ricavare la frequenza della radiazione emessa o assorbita nelle transizioni, ma non l'intensità.
- La teoria è applicabile solo agli atomi a un elettrone; già per l'atomo neutro di elio, con due elettroni, il modello di Bohr non è utilizzabile.

- La teoria non riesce a spiegare il legame chimico. Bohr suggerì un possibile modello del legame tra atomi, che comunque non rende conto delle proprietà delle molecole.
- C'è poi la comprensibile esigenza di dare un significato fisico alle condizioni di quantizzazione, le quali appaiono come semplici aggiunte *ad hoc*.

L'onda di de Broglie

La teoria atomica semiclassica di Bohr-Sommerfeld rappresentò certamente un passo fondamentale per la nascita di quella di Schrödinger e quindi della moderna meccanica quantistica. Un altro di questi passi fu l'idea avanzata da Louis de Broglie (1892-1987) nella sua tesi di dottorato, *Recherches sur la théorie des quanta* ("Ricerche sulla teoria dei quanti"), discussa a Parigi nel novembre 1924 e basata su due articoli da lui pubblicati l'anno precedente.

In un'edizione riveduta della sua tesi, pubblicata nel 1963, de Broglie ricorda:

> Dopo lunga riflessione in solitudine e meditazione, all'improvviso ebbi l'idea, durante il 1923, che la scoperta fatta da Einstein nel 1905 doveva essere generalizzata estendendola a tutte le particelle materiali e in particolare agli elettroni.

Seguendo un principio unificante di uniformità della natura, di simmetria potremmo dire, per de Broglie non c'è alcun motivo per cui la relazione tra momento e lunghezza d'onda trovata per il fotone non debba valere anche per l'elettrone. A un elettrone di momento p va allora associata un'onda di lunghezza d'onda:

$$\lambda = \frac{h}{p}$$

Si può capire come inizialmente le reazioni a questa idea siano state contrastanti. Paul Langevin (1872-1946), relatore della tesi di de

Broglie, si rivolse ad Einstein per avere un parere e questi formulò un giudizio positivo. In una lettera a Lorentz del mese successivo, Einstein aggiunse anzi:

> Penso che sia un primo debole raggio di luce su questo che è tra gli oscuri enigmi della fisica.

Mentre però per il fotone erano noti entrambi gli inconciliabili comportamenti, particellare e ondulatorio, per l'elettrone era ben chiara la sua natura particellare ma non erano ancora state messe in evidenza delle manifestazioni di tipo ondulatorio. L'onda di de Broglie, infatti, è un ente nuovo, associato al singolo elettrone; ovviamente non ha nulla a che fare con l'onda meccanica che ben conosciamo in cui la materia macroscopica viene rappresentata mediante un modello continuo.

In linea di principio, una lunghezza d'onda di de Broglie può essere in realtà associata a qualsiasi oggetto materiale. Un semplice calcolo ci fa vedere però come mai non ci accorgiamo delle onde di de Broglie associate a oggetti macroscopici. Nella relazione $\lambda=h/p$ il momento è al denominatore per cui, data la piccolezza di h, valori macroscopici di momento forniscono valori di lunghezza d'onda piccoli oltre ogni limite di una possibile rilevazione. Per esempio, ammettiamo che una pallina di 1 g venga portata alla velocità di 1 m/s: la lunghezza d'onda associata è di $6{,}6 \cdot 10^{-31}$ m, cioè $6{,}6 \cdot 10^{-21}$ Å, di 21 ordini di grandezza inferiore alla dimensione dell'atomo e di 16 ordini di grandezza inferiore alla dimensione del nucleo.

Invece, secondo la formula di de Broglie, per un elettrone libero lunghezze d'onda dell'ordine dell'Å (10^{-10} m) sono normali. Per esempio, un elettrone con energia cinetica di 100 eV (ricordiamo che $E_k=p^2/2m_e$ nel caso non relativistico) ha una lunghezza d'onda di de Broglie di 1,2 Å. Ora, sappiamo che per rilevare effetti di diffrazione la lunghezza d'onda dev'essere almeno paragonabile alla dimensione della fenditura da cui si fa passare l'onda, o con ordine di grandezza maggiore. All'epoca di de Broglie era disponibile per la sperimentazione appunto una griglia periodica della dimensione del Å: quella tra i piani di una struttura cristallina di atomi.

L'ipotesi di de Broglie ricevette una conferma sperimentale diretta grazie a due esperimenti che dimostrarono la natura ondulatoria dell'elettrone e ne misurarono la lunghezza d'onda. Il metodo usato in entrambi i casi è simile a quello già impiegato per i raggi X (che infatti hanno lunghezza d'onda da 0,3 a 30 Å): consiste nel fare incidere un fascio di elettroni su una struttura cristallina il cui reticolo abbia dimensioni tali da produrre un effetto di diffrazione misurabile.

Clinton Davisson (1881-1958) e Lester Germer (1896-1971) nel loro esperimento del 1927 utilizzarono la superficie di un cristallo di nickel. Indipendentemente, George Thomson (1892-1975, figlio di Joseph Thomson), nello stesso anno ottenne la diffrazione degli elettroni facendoli passare attraverso un sottilissimo foglio d'oro. A Davisson e a Thomson fu assegnato congiuntamente il premio Nobel per la fisica nel 1937. La curiosa coincidenza storica è che Thomson padre ebbe il Nobel per aver dimostrato la natura particellare dell'elettrone, mentre Thomson figlio ebbe il Nobel per averne dimostrato la natura ondulatoria.

Il dualismo onda-particella è pertanto assodato anche per la materia. L'elettrone si comporta come una particella in certi fenomeni fisici (urto, deviazione da parte di campi elettrici e magnetici) e come un'onda in altri (diffrazione e interferenza passando da reticoli di atomi). Questo dualismo è stato inoltre successivamente verificato per altri tipi di particelle materiali, realizzando figure di diffrazione e d'interferenza per esempio con neutroni, atomi di idrogeno, atomi di elio, fullerene (C_{60}) e persino molecole organiche.

Un'applicazione pratica è il microscopio elettronico. Gli elettroni infatti possono avere lunghezze d'onda anche di 4 ordini di grandezza inferiori a quelle dei fotoni della luce visibile. Di conseguenza uno strumento basato sulle onde associate agli elettroni ha un potere risolutivo molto più alto rispetto ai microscopi ottici; il primo di tali strumenti fu costruito da Ernst Ruska (1906-1988) nel 1933.

Torniamo però al 1924. L'ipotesi di de Broglie applicata all'atomo ebbe successo a livello teorico perché riesce a spiegare i primi due postulati di Bohr.

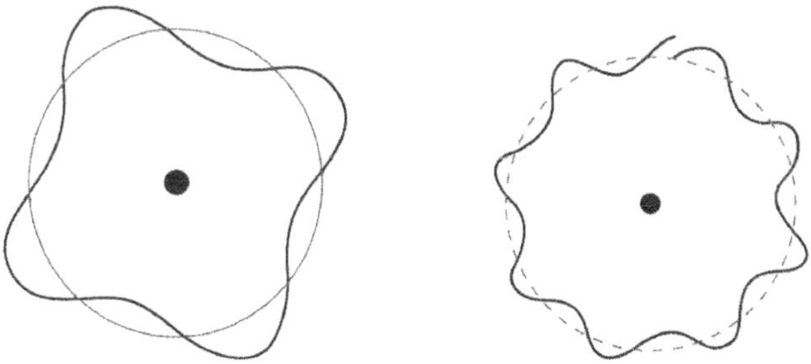

Figura 7.5 Condizione al contorno per un'onda su una curva chiusa.

Se infatti l'elettrone nella sua orbita attorno al nucleo si comporta come un'onda, allora quest'onda deve potersi richiudere esattamente su se stessa, come illustrato nella figura 7.5 a sinistra; quella raffigurata nella parte destra sarebbe una condizione non fisica. All'elettrone in un'orbita chiusa deve cioè essere associata un'onda stazionaria.

Questo comporta che la lunghezza dell'orbita deve essere uguale a un numero intero di lunghezze d'onda. La condizione da imporre per l'orbita circolare di raggio r è:

$$2\pi r = n\lambda \qquad n = 1,2,3,\ldots$$

Si ottiene in tal modo un insieme discreto di orbite possibili, etichettate dal numero intero n. Si spiega così perché è fisicamente possibile solo un insieme discreto di orbite: sono quelle con lunghezza tale da sostenere un'onda stazionaria.

La condizione coincide con quella di Bohr $L=n\hbar$ se si sostituisce la relazione di de Broglie $\lambda=h/p$ e si tiene conto che vale $L=pr$.

Le orbite ammesse (circonferenze tratteggiate nella figura 7.6) non sono più pensate come traiettorie percorse da una particella puntiforme; invece, in ogni punto della circonferenza n-esima esiste un campo ψ_n continuo che si configura come un'onda stazionaria. Nella figura 7.6 una linea intera è un'istantanea che rappresenta il valore del campo a un certo istante di tempo. In ogni punto il valore del campo oscilla con la stessa frequenza ma con un'ampiezza che dipende dal punto. L'ampiezza è nulla nei punti, detti nodi, in cui la linea intera interseca la circonferenza tratteggiata; nei nodi il valore del campo rimane sempre costante. I punti con le maggiori elongazioni invece si chiamano ventri. Essendo definita sui punti di una linea (chiusa), l'onda stazionaria di de Broglie che rappresenta l'elettrone nell'atomo è un'onda unidimensionale.

Il problema è che dell'onda in quanto tale conosciamo sostanzialmente la lunghezza d'onda e nulla più. De Broglie non propone per la sua onda un vero modello matematico, non si tratta di una teoria generale applicabile a ogni sistema fisico in cui si viene a trovare l'elettrone. L'onda di de Broglie è di fatto un'onda armonica con un'unica lunghezza d'onda; a parte questo caso particolare non c'è una funzione matematica dello spazio e del tempo che descriva l'onda, per il semplice fatto che non c'è un'equazione d'onda da cui ricavarla. In altre parole, non conosciamo le esatte espressioni delle supposte funzioni ψ_n né un modo per ricavarle. Evidentemente si tratta di un approccio incompleto e insoddisfacente, un po' come se si conoscesse solo una particolare traiettoria di una particella ma non la legge della dinamica di Newton da cui poter ricavare ogni traiettoria in ogni possibile situazione fisica.

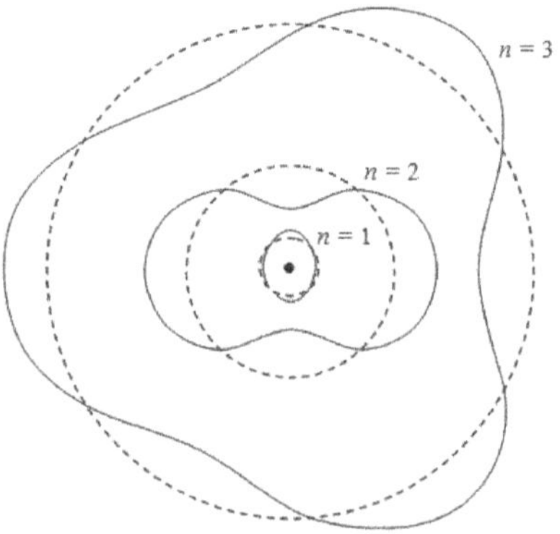

Figura 7.6 L'elettrone nell'atomo come onda stazionaria.

Oltre a questo, però, la questione fondamentale che l'onda associata alla materia solleva riguarda il suo significato fisico. Di che tipo di onda si tratta? Il valore dell'onda in ogni punto è il valore di che cosa?

L'atomo di Schrödinger

Nel 1925 Erwin Schrödinger (1887-1961) teneva la cattedra di fisica teorica all'Università di Zurigo, che in precedenza era stata di Albert Einstein. Su invito del suo collega dell'ETH Peter Debye (1884-1966), a novembre di quell'anno Schrödinger tenne un seminario sull'onda di de Broglie in occasione di uno dei regolari incontri tra i fisici delle due istituzioni universitarie zurighesi.

Benché Schrödinger avesse illustrato l'argomento in maniera chiara, Debye si mostrò piuttosto scettico per un motivo preciso: non è possibile parlare di un'onda se non esiste un'equazione d'onda.

Schrödinger decise allora di dedicarsi a questa ricerca e subito dopo, durante le vacanze di fine anno trascorse ad Arosa nelle Alpi svizzere, trovò un'equazione d'onda per l'elettrone. Nel corso dell'anno 1926 pubblicò quattro articoli in cui illustrava la teoria che chiamò "meccanica ondulatoria".

Figura 7.7 Erwin Schrödinger nell'anno del Nobel (1933).

L'equazione di Schrödinger viene assunta come postulato, ma si può ricavare in maniera euristica da quella classica delle onde di d'Alembert inserendovi la relazione non classica di de Broglie, ossia il dualismo onda-particella.

Come per tutte le leggi fisiche, la giustificazione ultima dell'equazione di Schrödinger risiede innanzitutto nell'accordo con l'esperienza e poi nel potere predittivo ed esplicativo che possiede. L'equazione governa la dinamica dell'elettrone pensato come onda e si applica a qualsiasi situazione fisica in cui l'elettrone stesso venga a trovarsi. Chiaramente l'interesse era tutto rivolto all'atomo; in effetti il primo risultato che il fisico austriaco poté ottenere furono i livelli energetici dell'atomo di idrogeno, evidentemente l'obiettivo minimo senza il quale non si può andare avanti.

L'equazione di Schrödinger è un'equazione d'onda che ha una forma diversa rispetto a quella di d'Alembert, ma funziona in un modo simile. Data l'interazione a cui è sottoposto l'elettrone (espressa mediante l'energia potenziale elettrostatica nel caso dell'atomo), risolvendo l'equazione e imponendo le condizioni al contorno si ottiene una funzione ψ dello spazio e del tempo, che descrive un'onda e viene perciò detta appunto funzione d'onda.

Pertanto ora l'onda si ottiene da una teoria generale espressa mediante un'equazione. Il passaggio dall'onda di de Broglie all'equazione di Schrödinger riveste un'importanza sul piano della metodologia scientifica simile a quella del passaggio dalle leggi di Keplero alla meccanica di Newton. Andando dalla formula di Rydberg alle condizioni di quantizzazione di Bohr, all'onda di de Broglie e infine alla meccanica ondulatoria di Schrödinger, si passa a livelli di spiegazione sempre più generali e fondamentali sulle proprietà degli atomi.

Con Schrödinger per la prima volta una teoria scientifica è in grado di descrivere in maniera sostanzialmente completa e soddisfacente la struttura e le proprietà degli atomi e dei loro legami chimici. Sono passati tredici anni dall'atomo di Bohr e centodiciotto dall'atomo di Dalton.

Rigorosamente parlando, la teoria atomica che scaturisce dall'equazione di Schrödinger non è la fine della storia. Questo per due ragioni: l'equazione non è relativistica e non prevede lo spin dell'elettrone (di cui parleremo nel capitolo seguente). Le due cose vanno insieme, dato che un'equazione d'onda relativistica per l'elettrone deve avere già lo spin integrato al proprio interno e viceversa: così sarà l'equazione di Dirac, proposta da Paul Dirac (1902-1984) nel 1928. Schrödinger e Dirac ricevettero insieme il premio Nobel per la fisica nel 1933 "per la scoperta di nuove produttive forme di teoria atomica".

Questi due "difetti" dell'equazione di Schrödinger, il non essere relativistica e la non inclusione dello spin, si elidono a vicenda e per questa ragione l'equazione funziona e può essere applicata all'atomo con così tanto successo.

In ogni caso, come vedremo, lo spin può però essere inserito "a mano" nella teoria di Schrödinger. Inoltre è prevedibile che un trattamento relativistico dell'atomo non sia strettamente necessario data la scala di energia in gioco (mentre senz'altro lo diventa a livello nucleare e subnucleare) e quindi che le eventuali discordanze debbano essere minime. Ove necessario, possono essere apportate delle correzioni.

Poiché l'equazione di Schrödinger ha il non trascurabile vantaggio di essere più semplice di quella di Dirac, si capisce perché, tranne in casi particolari, se ne preferisce l'utilizzo sul piano pratico. Un'ulteriore caratteristica molto positiva della teoria è che, una volta applicata all'atomo di idrogeno, è poi relativamente semplice trasportarne i risultati agli atomi con più elettroni.

Per questo passo occorre però ancora una cosa: il principio di esclusione, enunciato da Wolfgang Pauli (1900-1958) per gli elettroni nel 1925, il quale pure entra semplicemente nella teoria atomica come regola addizionale. Una sua più fondamentale spiegazione si ottiene con il teorema spin-statistica nell'ambito della meccanica statistica quantistica e della teoria quantistica dei campi.

Non da ultimo, rimane poi la questione dell'interazione. L'equazione di Schrödinger applicata all'atomo impiega l'interazione elettrostatica coulombiana classica tra elettrone e nucleo (che al di là di questa interazione non viene affatto preso in considerazione, almeno in prima approssimazione) e dunque in questo specifico aspetto adotta un approccio semiclassico. Inoltre, una volta ricavate tutte le transizioni possibili tra livelli energetici, s'intende che queste avvengano, come nel modello di Bohr, mediante l'assorbimento o l'emissione di un fotone usando semplicemente la relazione $E=hf$. Entrambi questi approcci sono normalmente sufficienti per la teoria atomica, sebbene la trattazione fondamentale del campo elettromagnetico vada fatta nell'ambito dell'elettrodinamica quantistica, primo e paradigmatico esempio di teoria quantistica dei campi. Si noti che pure nell'elettrodinamica quantistica trova una rigorosa trattazione la relazione che sussiste tra il fotone e il campo elettromagnetico macroscopico (un campo fisico, come sappiamo).

Per tutte queste ragioni possiamo considerare l'atomo di Schrödinger come punto di arrivo del millenario percorso dell'atomismo.

Questa tesi del resto non viene confutata dalla constatazione che l'atomo è a sua volta composto da parti; la fisica, incarnando una delle anime del vecchio atomismo, prosegue la ricerca dei componenti elementari della materia e delle interazioni su scale sempre più ridotte. Non per questo però quello che continuiamo a chiamare atomo entra nell'ombra quale semplice anello in una catena gerarchica di livelli del mondo fisico. L'atomo rimane il componente fondamentale degli elementi e quindi di tutte le sostanze, essenza e distillato della materia. Nelle scale al di sotto di quella atomica le sostanze non ci sono più.

C'è poi ancora una forte motivazione concettuale: è l'atomo di Schrödinger che apre una porta su un mondo completamente nuovo. Arrivati a questo traguardo scopriamo infatti che gli oggetti stessi della nostra ricerca sono profondamente diversi da come ce li eravamo immaginati in tutto il percorso dell'atomismo.

Il dualismo onda-particella

Quello di Schrödinger è il primo modello atomico scientifico costruito trattando l'elettrone (che nel modello è la parte dinamica dell'atomo) come onda. La domanda si ripropone quindi in maniera pressante: che cos'è in realtà l'onda associata all'elettrone?

Per cercare di dare una risposta bisogna tenere sempre presente che tutto deriva dal fatto che l'elettrone sperimentalmente manifesta comportamenti sia ondulatori sia particellari in maniera inconciliabile: in questo consiste il dualismo onda-particella. Qualsiasi teoria dell'elettrone deve perciò rendere conto di entrambi questi comportamenti.

Il fatto che i due comportamenti compaiano in situazioni sperimentali diverse assurge con Bohr al rango di principio della natura. Secondo il suo principio di complementarità, infatti, i sistemi quantistici sono caratterizzati da coppie di proprietà complementari che non possono mai essere rilevate assieme dallo stesso esperimento. Si tratta di uno degli assunti fondamentali della cosiddetta interpretazione di Copenaghen della meccanica quantistica. L'aspetto ondulatorio o particellare è una tale coppia complementare: si possono realizzare apparati sperimentali che mettono in evidenza l'uno o l'altro comportamento, ma mai entrambi. Per Bohr è in questa disgiunzione che risiede il dualismo onda-particella, che pertanto è fondamentale e ineliminabile. Gli apparati di misura sono macroscopici e seguono pertanto la fisica classica: la rilevazione di un comportamento particellare o di uno ondulatorio, di per sé, avviene in maniera classica; non classico è invece il dualismo stesso.

De Broglie assunse chiaramente l'esistenza fisica di entrambe, onda e particella, nel senso classico dei termini: questa congiunzione è la sua maniera di risolvere il dualismo onda-particella. L'onda è un'entità fisica (di natura non meglio specificata) dotata di momento ed energia ma non di massa e ha la funzione di guidare la particella. Per de Broglie si tratta della stessa cosa che si verifica anche per la particella fotone, guidata dall'onda elettromagnetica classica. In questa visione ciascuna delle due entità, onda e particella, è responsabile del corrispondente comportamento. La teoria dell'onda pilota fu presentata da de Broglie nel 1927 durante il Congresso Solvay, ma non ottenne una buona accoglienza; fu poi ripresa e perfezionata da David Bohm (1917-1992) nel 1952.

Dal canto suo, Schrödinger (almeno inizialmente) pensava che l'elettrone fosse solo un'onda classica. Risolve cioè il dualismo assumendo l'esistenza fisica della sola onda, la quale dovrebbe allora possedere la massa e la carica che vanno attribuite all'elettrone, ma distribuite in maniera continua in una regione dello spazio secondo la funzione ψ.

Si pone però una particolare questione: le soluzioni dell'equazione di Schrödinger in generale sono funzioni dello spazio e del tempo i cui valori sono numeri complessi.

Ricordiamo che i numeri complessi sono coppie ordinate di numeri reali (parte reale e parte immaginaria, oppure modulo e fase) sulle quali sono definite le operazioni aritmetiche in modo da rispettare le consuete proprietà formali. È proprio la presenza delle operazioni che rende il numero complesso un'entità matematica con una sua propria identità, distinta dalla semplice coppia di numeri reali e a questa non riducibile.

Poiché la ψ è complessa non le si può assegnare direttamente un significato fisico, che può essere invece ricercato partendo dalle funzioni parte reale, parte immaginaria, modulo e fase di ψ. Ciascuna di queste quattro funzioni è infatti una funzione a valori reali dello spazio e del tempo, ossia un campo a valori reali e come tale in linea di principio suscettibile di interpretazione fisica.

Particolare interesse dal punto di vista fisico riveste il modulo quadrato (sempre reale e positivo):

$$|\psi|^2$$

(le due barre verticali indicano il modulo)

Per inciso si noti che la corrispondente operazione per un numero reale A coincide con il semplice quadrato, per cui sarebbe superfluo indicare il modulo:

$$|A|^2 = A^2$$

Ancora per chiarezza, notiamo che il modulo di un numero (reale o complesso) ha un significato diverso rispetto al modulo di un vettore. Matematicamente si possono però anche vedere come aspetti della stessa cosa e per questo si mantiene lo stesso nome.

Il modulo quadrato di un campo può assumere il significato di densità volumetrica di una grandezza fisica. Schrödinger assegnava infatti alle funzioni:

$$m_e|\psi(x,y,z)|^2 \qquad -e|\psi(x,y,z)|^2$$

rispettivamente il significato fisico di densità di massa (massa per unità di volume) e di densità di carica (carica per unità di volume).

Il significato della funzione densità è il seguente. Chiamiamo dV un volumetto infinitesimo attorno a un punto P; allora

$$m_e|\psi(x,y,z)|^2dV$$

è la massa infinitesima contenuta in questo volumetto. Sommando (integrando, in realtà) tutte le masse infinitesime contenute in un volume finito V si ottiene la massa finita in quel volume. La stessa cosa si può ripetere per la densità di carica.

Integrando invece su tutto lo spazio si deve ottenere esattamente la massa m_e ovvero la carica $-e$ dell'elettrone. Perché questo sia vero, è necessario allora che la funzione d'onda di Schrödinger ψ sia tale che integrando il suo modulo quadrato su tutto lo spazio si ottenga 1: questa si chiama condizione di normalizzazione.

In sintesi, la convinzione iniziale di Schrödinger era che non esistono le particelle, esistono solo delle onde che ne posseggono le proprietà fisiche in maniera distribuita nello spazio. La sua speranza era che questo potesse ripristinare completamente la fisica classica, sostituendo anche i salti quantici discontinui da un'orbita all'altra, presenti nel modello di Bohr, con delle transizioni graduali continue.

Se però l'elettrone è solo un'onda, come si spiega allora il suo comportamento particellare? L'estensione spaziale di un'onda può variare molto. Un'onda armonica, corrispondente a una sola frequenza, è un modello che si estende indefinitamente nello spazio. Componendo però diverse onde armoniche si può ottenere ogni tipo di forma d'onda; in particolare il cosiddetto "pacchetto d'onde", il quale ha un'estensione spaziale limitata. Come tutte le funzioni che descrivono un'onda, un pacchetto d'onde è una possibile soluzione dell'equazione d'onda applicabile al fenomeno in esame, quella di d'Alembert come quella di Schrödinger. Quando si produce un pacchetto d'onde tutte le grandezze conservate portate da questo particolare fenomeno ondulatorio sono localizzate prevalentemente nella zona di spazio occupata dal pacchetto.

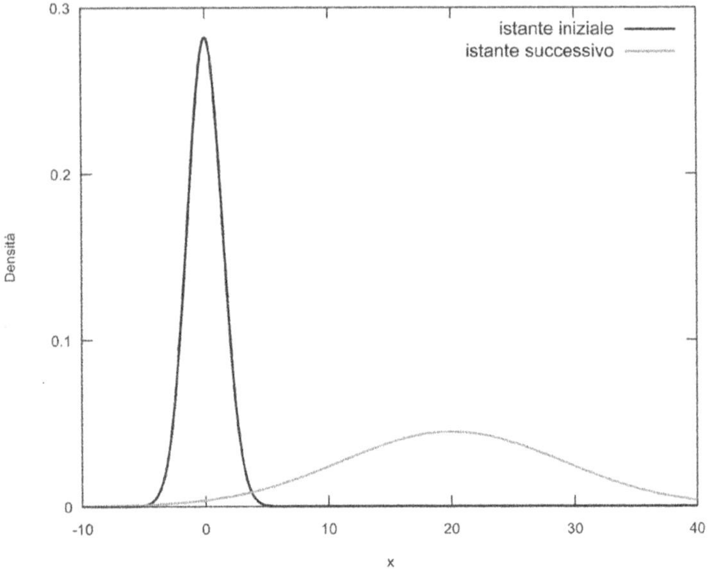

Figura 7.8 Dispersione del pacchetto d'onde.

L'assunzione di Schrödinger è che il comportamento particellare sia dovuto al fatto che l'elettrone è un pacchetto d'onde; pur rimanendo un'entità ondulatoria, le sue proprietà sono in questo senso spazialmente concentrate. Questa idea va però incontro a insormontabili difficoltà.

Il pacchetto d'onde infatti non mantiene la sua forma nel tempo: nel propagarsi si disperde, come si vede nella figura 7.8. Se all'istante iniziale è stretto, inevitabilmente a un istante successivo occuperà una regione spaziale più ampia. La dispersione è dovuta al fatto che le onde monocromatiche che compongono il pacchetto hanno velocità diversa. Da notare che quando la larghezza del pacchetto aumenta, il suo valore massimo diminuisce, per via della condizione di normalizzazione: l'area sottesa dalla curva deve avere sempre lo stesso valore. Evidentemente la dispersione del pacchetto è incompatibile con un comportamento particellare, il quale richiede invece che il volume di spazio occupato dalla particella (o nel quale uno strumento è in grado di rilevarla) rimanga costante.

Inoltre il pacchetto, essendo un'onda, può essere diviso in due da un opportuno ostacolo, mentre invece una particella si comporta sempre come un'unità indivisibile che viene emessa, assorbita o deviata solo nella sua interezza. Uno strumento rileva sempre una particella intera in maniera strettamente localizzata.

Se ne conclude che gli elettroni, come anche i fotoni, non possono essere semplicemente pacchetti d'onde. Questo approccio pertanto non elimina il dualismo; soprattutto, non permette di assegnare al modulo quadrato della funzione d'onda il significato fisico di densità di massa e di carica.

Il passo decisivo fu quello compiuto da Max Born (1882-1970) in un articolo pubblicato nel luglio 1926: l'assegnazione di un significato probabilistico alla funzione d'onda.

Secondo Born il modulo quadrato della funzione d'onda ψ

$$|\psi(x,y,z)|^2$$

rappresenta la densità di probabilità di trovare l'elettrone nel punto P di coordinate (x,y,z). Questo vuol dire che

$$|\psi(x,y,z)|^2 dV$$

è la probabilità di trovare l'elettrone in un volumetto infinitesimo dV intorno al punto P. Integrando su un volume finito V si ottiene la probabilità di trovare l'elettrone in quel volume. Poiché l'elettrone da qualche parte deve stare, integrando il modulo quadrato di ψ su tutto lo spazio si deve ottenere il valore 1 (condizione di normalizzazione). Inoltre, la normalizzazione dev'essere mantenuta nel tempo: questo è il motivo matematico per cui la funzione d'onda di Schrödinger deve inevitabilmente essere complessa.

La funzione ψ stessa, soluzione a valori complessi dell'equazione di Schrödinger, non ha direttamente significato fisico.

La logica che porta alla spiegazione probabilistica si può capire partendo da una considerazione fatta da Einstein nel 1917 a proposito della relazione tra onda elettromagnetica e fotoni. Sappiamo che l'intensità della radiazione elettromagnetica nella visione ondulatoria è proporzionale ad A^2, ampiezza al quadrato dell'onda; nella visione corpuscolare l'intensità è invece proporzionale al numero di fotoni, per unità di tempo e di superficie, N. Mettendo insieme le due cose, il ragionamento è che N è proporzionale ad A^2: maggiore è A^2 e più fotoni ci saranno. Cioè, l'ampiezza al quadrato dell'onda è una misura di quanto è probabile (Einstein aveva usato proprio questa parola) trovare un fotone nella zona di spazio in questione.

Non ci sono possibili spiegazioni alternative a quella probabilistica. Del resto, come vedremo subito, che la posizione dell'elettrone (al pari delle altre grandezze) sia una variabile casuale è confermato sperimentalmente. L'idea introdotta da Born è stata infine accettata in modo unanime da parte della comunità dei fisici. Con questa idea è nata la moderna meccanica quantistica.

Nessuno mette in dubbio che la funzione ψ abbia un significato probabilistico; può rimanere invece oggetto di interpretazione il ruolo da assegnare a questa probabilità. Nell'interpretazione oggi ritenuta standard (nonché parte della visione filosofica di Copenaghen) la probabilità espressa della funzione d'onda è intrinseca, una caratteristica fondamentale della natura. Non si tratta cioè di una casualità epistemica, dovuta solo alla non conoscenza di tutti i parametri in gioco come nei modelli probabilistici macroscopici (dado, moneta) o in quelli della teoria cinetica e della meccanica statistica, bensì di una casualità ontologica, realmente esistente di per sé.

Viene dunque a cadere il determinismo della fisica classica. La prima conseguenza è che perde significato il concetto di traiettoria: tutto quello che possiamo dire per l'elettrone in una concreta situazione fisica è la probabilità di trovarlo in un dato punto dello spazio.

Si tratta di una svolta radicale. Il lungo cammino alla ricerca dell'atomo ha condotto con la meccanica quantistica a una nuova cesura epocale nella storia del pensiero, senza esagerazione paragonabile a quella avvenuta trecento anni prima con la nascita del metodo scientifico. Una cesura suggellata e dibattuta nel celebre Congresso Solvay del 1927, il cui tema emblematicamente era "Elettroni e fotoni".

L'idea di Born si può ben vedere come soluzione del dualismo onda-particella, questa volta a favore della particella. Non ci sono onde ma solo particelle poiché queste vengono sempre rilevate, pur se in maniera probabilistica, nella loro interezza, con la loro precisa identità e in una regione arbitrariamente piccola.

Il comportamento che descriviamo come ondulatorio è dovuto al fatto che, nella sua forma matematica, il meccanismo con cui si sovrappongono le probabilità quantistiche coincide con il meccanismo con cui si sovrappongono le onde. Il significato fisico delle due cose è però completamente diverso.

Probabilità quantistica

Inviamo degli elettroni, uno alla volta, verso due fenditure di un reticolo cristallino, come indicato schematicamente nella figura 7.9.

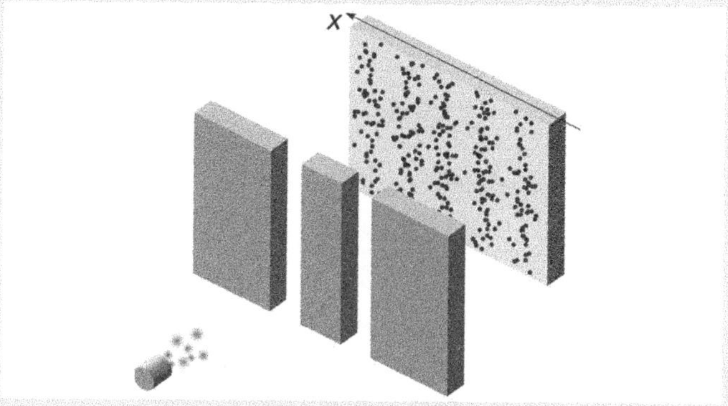

Figura 7.9 *L'esperimento della doppia fenditura con elettroni.*

Dopo aver superato la zona delle fenditure, ogni singolo elettrone lascia un punto annerito nell'impatto contro il prospiciente schermo. Il punto di arrivo del singolo elettrone è assolutamente casuale. Solo dopo che un numero considerevole di elettroni è andato a impattare sullo schermo si delinea la caratteristica alternanza di bande chiare e scure di una figura d'interferenza, quella tipica per le onde (figura 7.10). Per ciascun punto dello schermo c'è quindi una diversa probabilità che l'elettrone ci vada a finire: alle bande nere corrisponde una probabilità maggiore, a quelle chiare una minore. Questa distribuzione di probabilità è determinata, mediante l'equazione di Schrödinger, dalle condizioni fisiche in cui avviene il fenomeno, cioè nel caso in esame dalla contemporanea presenza di due possibili vie di passaggio.

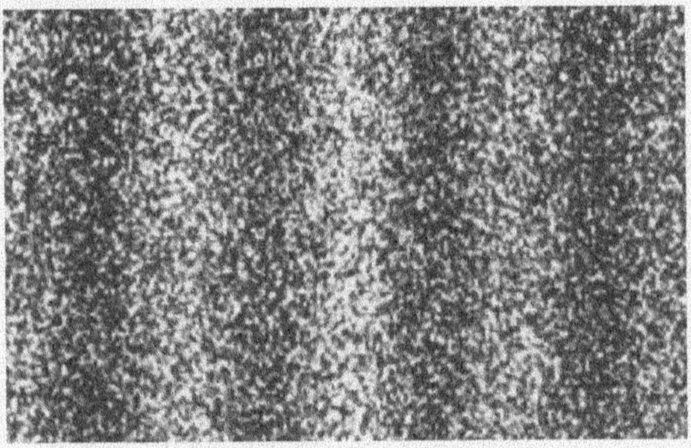

Figura 7.10 *Figura d'interferenza con elettroni.*

La probabilità quantistica si comporta in maniera molto diversa da quella classica, non solo perché è intrinseca. La soluzione ψ dell'equazione di Schrödinger per l'esperimento in esame è la somma (sovrapposizione) di due componenti:

$$\psi = \psi_1 + \psi_2$$

dove ciascuna è dovuta alla presenza di una delle due fenditure. La probabilità però non è data direttamente dalla ψ, per cui non avviene che le due probabilità semplicemente si sommano.
La somma delle probabilità è quello che si verifica in fisica classica. Se per esempio l'esperimento viene eseguito non con elettro-

ni ma con piccole biglie classiche, le probabilità (epistemiche) di passare da ognuna delle due fenditure semplicemente si sommano. Di conseguenza si producono due zone scure solo davanti alle fenditure stesse.

La probabilità (ontologica) quantistica è data invece dal modulo quadrato della ψ:

$$|\psi|^2 = |\psi_1 + \psi_2|^2 = |\psi_1|^2 + |\psi_2|^2 + 2|\psi_1| \cdot |\psi_2| \cdot \cos\varphi$$

per cui oltre alla somma delle probabilità compare un termine aggiuntivo che "mischia" i contributi delle due componenti e al quale si deve l'effetto non classico che appare come interferenza.

In un generico punto P(x) dello schermo i due numeri complessi ψ_1 e ψ_2 hanno tra di loro una differenza di fase $\varphi(x)$ che compare nel termine aggiuntivo. Spostandosi allora sullo schermo lungo la direzione x, la probabilità di trovare l'elettrone varia in maniera periodica e con continuità tra un massimo dato da:

$$|\psi|^2_{max} = |\psi_1|^2 + |\psi_2|^2 + 2|\psi_1| \cdot |\psi_2|$$

e un minimo dato da:

$$|\psi|^2_{min} = |\psi_1|^2 + |\psi_2|^2 - 2|\psi_1| \cdot |\psi_2|$$

La visione di Born ribalta dunque completamente quella che aveva avuto Schrödinger: abbiamo solo la particella, anziché solo l'onda. Paradossalmente l'equazione di Schrödinger, che era nata come equazione d'onda per dare un significato compiuto e rigoroso all'idea ondulatoria di de Broglie, diventa invece l'equazione dinamica di una particella. Una dinamica completamente nuova, però, che sovverte la concezione meccanicistica e l'intera fisica classica.

In tutto questo discorso resta il dubbio che, essendo onda e particella concetti classici coniati per descrivere il mondo dei fenomeni macroscopici, possa costituire un errore metodologico utilizzarli su scala microscopica. Nel suo testo *Fisica atomica* (1935), Max Born scrive:

> L'origine ultima delle difficoltà risiede nel fatto (o nel principio filosofico) che noi siamo obbligati a usare le parole del linguaggio comune se vogliamo descrivere un fenomeno, non mediante un'analisi logica o matematica ma tramite una rappresentazione che evochi l'immaginazione. Il linguaggio comune è sorto dall'esperienza e non potrà mai superare questi limiti. La fisica classica si è limitata all'uso di concetti di questo tipo; analizzando i moti visibili ha sviluppato due maniere di rappresentarli per mezzo di processi elementari: particelle in moto e onde. Non c'è un altro modo per dare una descrizione figurata del moto – dobbiamo applicarlo anche nella regione dei processi atomici dove la fisica classica non funziona.

Al contrario, Richard Feynman (1918-1988) propone così la sua soluzione del dualismo: non ci sono né onde né particelle, semplicemente perché si tratta di termini il cui significato non si adatta alle entità sulla scala atomica. Per fissare questa diversità il filosofo Mario Bunge (1919-2020) si spinge persino a coniare un nuovo termine per tali entità: "quantoni".

È chiaro da una parte che soffermarsi su un aspetto puramente terminologico di per sé non modifica di molto la questione. Tuttavia, cambiare un nome può talvolta essere molto utile e chiarificatore, mentre altre volte è superfluo e genera solo confusione. Per esempio, il sostantivo "orbitale" sostituisce con successo il sostantivo "orbita", mentre altri concetti come "momento angolare", pur avendo su scala atomica un significato in parte diverso, mantengono lo stesso nome.

Parlando di nomi, notiamo che per riferirsi alle soluzioni dell'equazione di Schrödinger è più adeguato usare la dizione "funzione di stato". Il termine "funzione d'onda" tuttavia viene ancora spesso usato: per ragioni storiche, ma soprattutto perché si pensa alla ψ come a una "onda di probabilità". Qui però evidentemente il rischio che il termine risulti fuorviante è maggiore ed è bene tenere sempre presente che questa probabilità si riferisce alla posizione di una particella.

8
La struttura dell'atomo

Numeri quantici

Al pari dell'equazione della dinamica di Newton e delle equazioni dell'elettromagnetismo di Maxwell, l'equazione di Schrödinger per un elettrone è tridimensionale, nel senso che descrive le variazioni di una grandezza nello spazio tridimensionale (oltre che nel tempo).

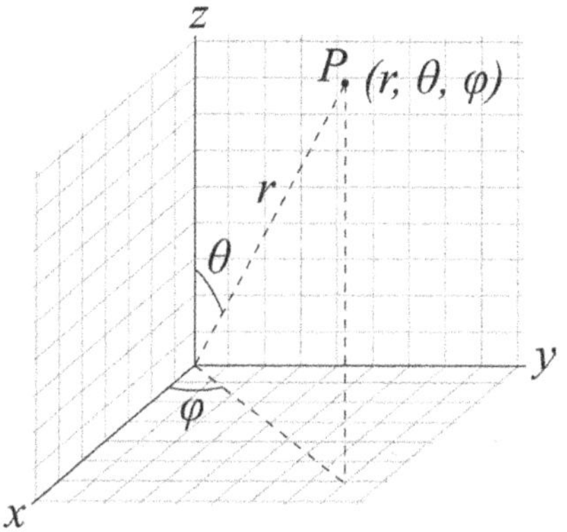

Figura 8.1 Coordinate cartesiane e sferiche.

Nel caso dell'atomo è conveniente esprimere l'equazione di Schrödinger in coordinate sferiche (r,θ,φ) anziché in coordinate cartesiane (x,y,z).

Le soluzioni $\psi(r,\theta,\varphi)$ dell'equazione di Schrödinger per l'atomo di idrogeno (sistema di un solo elettrone sottoposto all'interazione elettrostatica da parte di un solo protone) sono dunque funzioni tridimensionali definite sulla regione di spazio attorno al nucleo.

In ogni punto P dello spazio c'è un valore di campo dato dal valore di ψ in quel punto. Una circostanza molto importante che sottolinea la differenza tra la "funzione d'onda" di Schrödinger e l'onda di de Broglie, la quale invece è monodimensionale, definita sui punti di una circonferenza.

Poiché cerchiamo soluzioni stazionarie, la variazione spaziale della funzione di stato ψ è l'unica da prendere in considerazione. La variazione temporale è la stessa in tutti i punti ed è ininfluente dal punto di vista fisico (una pura fase). Infatti, prendendo il modulo quadrato della ψ la variazione temporale sparisce: la distribuzione di probabilità è costante nel tempo ed è per questo che una tale soluzione si chiama stazionaria.

Dato che il concetto di traiettoria perde di significato, non si tratta più di sostituire un'orbita circolare con un'altra forma: non possiamo proprio dire che l'elettrone percorre un'orbita attorno al nucleo, determinata punto per punto. Una funzione di stato $\psi(r,\theta,\varphi)$ definisce invece una zona spaziale tridimensionale attorno al nucleo, che viene chiamata "orbitale", assegnando con il suo modulo quadrato

$$|\psi(r,\theta,\varphi)|^2$$

la probabilità di trovare l'elettrone in ciascun punto. In alcuni punti dell'orbitale l'elettrone si trova con probabilità maggiore, in altri con probabilità minore.

Si può anche raffigurare geometricamente la forma dell'orbitale. Una maniera è rappresentare spazialmente l'orbitale come una sorta di "nuvola", marcando graficamente con intensità maggiore le zone corrispondenti a probabilità maggiori (in alto nella figura 8.2). Oppure si può fissare una soglia di probabilità, per esempio il 90%, e disegnare la zona spaziale che corrisponde a questo valore (in basso nella figura 8.2).

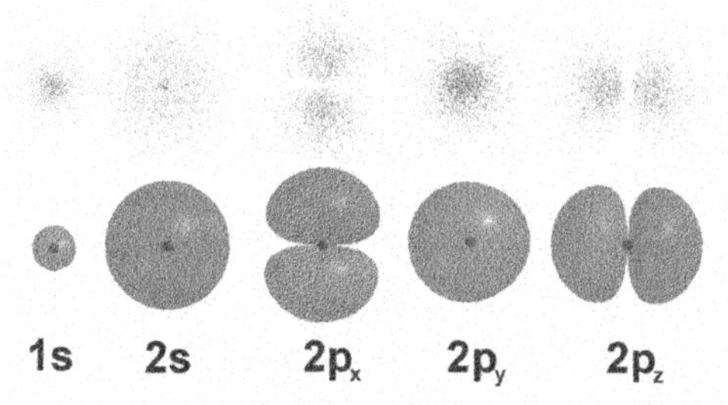

Figura 8.2 Forma di alcuni orbitali atomici.

L'elettrone ovviamente non è distribuito, è sempre una sola particella puntiforme: è la sua densità di probabilità che viene rappresentata graficamente in questo modo. Salta subito all'occhio quanto l'orbitale si discosti da un'orbita classica. Le zone ad alta densità di probabilità non sono delle fasce a una certa distanza dal nucleo, occupano invece dei volumi di diversa forma e dimensione che in alcuni casi comprendono il nucleo stesso. L'idea classica del moto di una particella tramonta definitivamente. Come vedremo nel seguito, comunque, più che la posizione degli elettroni sono di interesse i livelli energetici dell'atomo.

L'elettrone e il nucleo sono parti localizzabili dalle dimensioni estremamente piccole e questo lascia permanere la concezione che l'atomo sia fatto in gran parte di vuoto, non più supportata però da una netta connotazione spaziale incentrata su orbite e distanze. Rimane il fatto che l'atomo, pur se vuoto e soprattutto descrivibile solo probabilisticamente, è un oggetto fisico estremamente stabile.

Vediamo come emerge la quantizzazione per le funzioni di stato dell'atomo.

Alle soluzioni $\psi(r,\theta,\varphi)$ occorre imporre le condizioni al contorno, le quali molto semplicemente devono garantire che la funzione

ψ rimanga finita e a un sol valore. Quando l'energia potenziale (cioè l'interazione) è tale da confinare l'elettrone in una regione di spazio limitata, com'è il caso per l'atomo, queste condizioni si traducono nella quantizzazione dell'energia (e di altre grandezze). Non si presenta quindi neanche più la "misteriosa richiesta" (Schrödinger) di un numero intero di lunghezze d'onda: la quantizzazione deriva piuttosto in maniera molto naturale da richieste matematiche veramente minime per delle funzioni che descrivono un processo fisico.

Ne consegue che le soluzioni fisicamente accettabili, al pari di quanto accade per le onde stazionarie, costituiscono un insieme discreto, sono cioè quantizzate. La tridimensionalità però cambia la situazione. Poiché la funzione ψ nel caso in esame si può scrivere come prodotto di tre funzioni indipendenti di una variabile, una per ogni coordinata, le condizioni al contorno vanno imposte a ciascuna di esse. Di conseguenza le possibili funzioni che descrivono l'elettrone nell'atomo di idrogeno dipendono non da un solo indice intero, bensì da tre:

$$n, l, m_l$$

Scriviamo perciò le soluzioni ammissibili in questo modo:

$$\psi_{nlm_l}(r,\theta,\varphi)$$

Ciascuna funzione di questo insieme discreto rappresenta un orbitale diverso e corrisponde a un diverso stato dell'atomo. Si noti che per un atomo con un elettrone si può parlare indifferentemente di stato dell'elettrone o di stato dell'atomo; non è così per gli atomi con più elettroni, dove è preferibile fare riferimento allo stato di un elettrone.

Per poter soddisfare le condizioni al contorno, i tre numeri quantici assumono valori discreti come segue.

- Il numero quantico principale n è lo stesso di quello del modello di Bohr; può assumere tutti i valori interi positivi:

$$n = 1,2,3,\ldots$$

- Per un dato valore di n, il numero quantico azimutale l può assumere tutti i valori interi da 0 a $n-1$:

$$0 \leq l \leq n-1$$

  Per ogni valore di n ci sono quindi n possibili valori di l.

- Per un dato valore di l, il numero quantico magnetico m_l può assumere tutti i valori interi da $-l$ a l (quindi sia valori positivi sia negativi e anche il valore 0):

$$-l \leq m_l \leq l$$

  Per ogni valore di l ci sono quindi $2l+1$ possibili valori di m_l.

Il numero quantico n esprime la quantizzazione dell'energia, la quale può assumere solo dei valori discreti E_n che risultano coincidenti con quelli di Bohr:

$$E_n = -\frac{R_E}{n^2}$$

Nella teoria di Schrödinger dell'atomo di idrogeno, per via degli altri due numeri quantici, a ogni valore di n corrispondono in tutto n^2 orbitali diversi, ossia diversi possibili stati dell'elettrone nell'atomo. Questi n^2 stati vengono distinti dai valori di l e m_l, ma avendo lo stesso n hanno la stessa energia. Stati dell'atomo fisicamente diversi ma con la stessa energia si chiamano stati degeneri.

Per confronto: in un sistema planetario classico l'energia (continua) di un'orbita ellittica dipende dal semiasse maggiore dell'ellisse. Perciò orbite diverse con lo stesso semiasse maggiore hanno la stessa energia e sono pertanto degeneri.

Riassumiamo nella figura 8.3 tutti i possibili numeri quantici, che identificano gli stati dell'atomo di idrogeno, per i primi tre valori del numero quantico principale n.

n	1	2		3		
l	0 (s)	0 (s)	1 (p)	0 (s)	1 (p)	2 (d)
m_l	0	0	−1, 0, +1	0	−1, 0, +1	−2, −1, 0, +1, +2
molteplicità	1	1	3	1	3	5

Figura 8.3 Numeri quantici degli stati dell'atomo.

Spesso per indicare gli orbitali atomici si usa la notazione spettroscopica che li etichetta mediante i valori di n e di l. Il valore di n viene indicato con il corrispondente numero: 1, 2, 3, 4, ... e indica il cosiddetto *shell* ("guscio") elettronico. Invece il valore di l viene indicato con una lettera: *s*, *p*, *d*, *f*, ... rispettivamente per 0, 1, 2, 3, ... e indica il cosiddetto *subshell* ("sottoguscio") elettronico.

In altre parole: un guscio è l'insieme degli stati dell'atomo che hanno lo stesso valore di n, un sottoguscio è l'insieme degli stati dell'atomo che hanno gli stessi valori di n ed l.

Queste lettere hanno un'origine storica, essendo l'iniziale di quattro termini inglesi usati dagli spettroscopisti (*sharp*, *principal*, *diffuse*, *fundamental*). Dopo la *f* si prosegue in ordine alfabetico con *g*, *h* e così via, saltando la i; comuque raramente si ha necessità di usare le lettere da *g* in poi. Per esempio (figura 8.3): ci sono tre orbitali 2*p* (n=2, l=1), in corrispondenza dei tre possibili valori di m_l; l'orbitale 1*s* (n=1, l=0) è invece uno solo e costituisce lo stato fondamentale dell'atomo. Per l'atomo di idrogeno i gusci corrispondono ai livelli energetici: tutti gli orbitali che fanno parte di uno stesso guscio sono degeneri.

Il significato fisico dei numeri quantici azimutale e magnetico riguarda la grandezza fisica momento angolare orbitale dell'elettrone.

A proposito di problemi terminologici, purtroppo si tratta della stessa parola, "orbitale", ma in questo caso è un aggettivo che originariamente fa riferimento al concetto classico di orbita e che si usa per distinguere questo momento angolare da quello di spin.

Anche se l'elettrone non percorre un'orbita nel senso della meccanica classica, la grandezza fisica vettoriale momento angolare orbitale è comunque definita; sperimentalmente la si rileva grazie al fatto che, essendo l'elettrone una particella carica, al momento angolare è associato un campo magnetico che può essere misurato.

Dalla soluzione dell'equazione di Schrödinger si ottiene che il modulo L del momento angolare dell'elettrone nello stato n (con energia E_n) può assumere solo i seguenti valori discreti:

$$L = \sqrt{l(l+1)} \cdot \hbar \qquad l = 0, 1, 2, \ldots, n-1$$

Questi valori sono diversi da quelli del modello di Bohr. In particolare si vede che, qualunque sia n, per $l = 0$ il momento angolare L è nullo: una circostanza che non può verificarsi nella fisica classica, poiché un'orbita classica ha sempre un momento angolare non nullo. Difatti, nel modello di Bohr L non è mai pari a zero. Quantisticamente non possiamo parlare di orbita, tuttavia intuitivamente l'elettrone ha un momento angolare perché nell'orbitale definito probabilisticamente viene comunque a trovarsi da parti opposte rispetto al nucleo. In alcuni tipi di orbitali, quelli s corrispondenti a $l = 0$ (gli unici a simmetria sferica), però, figurativamente è come se l'elettrone "passasse" attraverso il nucleo e questo gli permettesse di muoversi con momento angolare nullo (si veda ancora la figura 8.2).

Nello stato fondamentale $n=1$ il modello di Bohr prevede il solo valore $L = \hbar$, mentre quello di Schrödinger prevede il solo valore $L = 0$. Una diversità di previsione teorica che si può dirimere sperimentalmente. L'esperimento infatti sancisce la correttezza del modello di Schrödinger poiché nello stato fondamentale dell'atomo si misura in effetti un momento angolare orbitale nullo.

Il momento angolare classico è un vettore: oltre ad avere un valore numerico (modulo), $\boldsymbol{L}$ ha anche una direzione, che nel caso classico è perpendicolare al piano dell'orbita e ne indica così l'inclinazione. Il vettore momento angolare $\boldsymbol{L}$ si può scomporre nelle tre componenti secondo i tre assi x, y, z. In meccanica classica queste tre componenti sono univocamente determinate; da esse si ricava il modulo e la direzione orientata del vettore e viceversa.

Sorprendentemente, in meccanica quantistica invece la direzione del momento angolare non è completamente determinata: solo la proiezione di **L** lungo un asse orientato lo è, mentre la proiezione lungo un qualunque asse a questo ortogonale è indeterminata.

Questo valore della proiezione poi non può essere qualunque, è quantizzato. A enumerare i possibili valori discreti della componente lungo un asse ci pensa il terzo numero quantico, m_l.

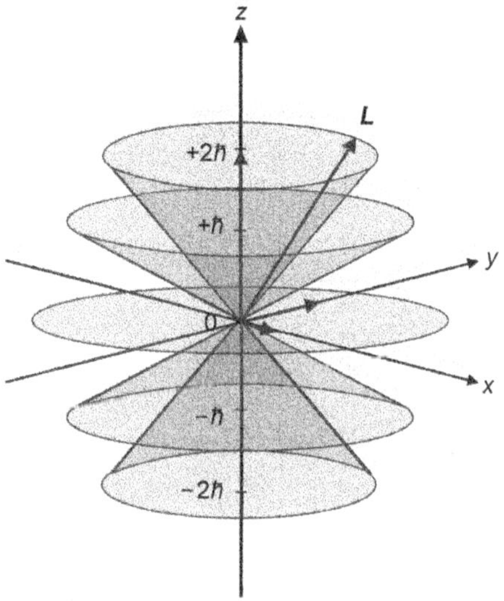

Figura 8.4 Momento angolare orbitale dell'elettrone nell'atomo.

Spieghiamo come questo avviene facendo riferimento alla figura 8.4, una rappresentazione vettoriale dove viene preso in considerazione il caso $n=3$ e $l=2$. I possibili valori di m_l sono $-2, -1, 0, 1, 2$.

Il modulo del vettore momento angolare vale allora:

$$L=\sqrt{6}\cdot\hbar$$

Consideriamo la proiezione (dotata di segno) del vettore **L** sull'asse z della terna di assi cartesiani di riferimento. La scelta degli assi di riferimento naturalmente è del tutto arbitraria; del resto non c'è intrinsecamente un asse privilegiato dal punto di vista fisico, data la simmetria sferica dell'atomo. Si trova mediante la funzione di stato che i possibili valori discreti di questa componente L_z sono dati da:

$$L = m_l \hbar \qquad m_l = -l, -l+1, \ldots, 0, \ldots, l-1, l$$

Nel caso della figura 8.4 i possibili valori sono:

$$L_z = -2\hbar, -\hbar, 0, +\hbar, +2\hbar$$

Per $n=3$ e $l=2$ ci sono quindi in tutto cinque diversi stati dell'atomo, ognuno descritto da un'apposita funzione di stato:

$$\psi_{3,2,-2}, \psi_{3,2,-1}, \psi_{3,2,0}, \psi_{3,2,1}, \psi_{3,2,2}$$

che sono i cinque orbitali del sottoguscio $3p$ nella notazione spettroscopica.

La funzione di stato non fornisce però valori determinati per le altre due componenti del momento angolare: la componente L_x lungo l'asse x e la componente L_y lungo l'asse y rimangono indeterminate. Del momento angolare si ha un valore determinato solo per il modulo e per la componente z.

Come illustrato nella figura 8.4, quello che è dato sapere sul vettore momento angolare è:

- per i valori della componente z pari a 1 o 2 unità $\hbar$ (con segno negativo o positivo), il vettore $\boldsymbol{L}$ giace su un cono il cui asse è l'asse z;
- per $m_l = 0$ la componente z è nulla, perciò il vettore $\boldsymbol{L}$ giace invece su una circonferenza posta sul piano perpendicolare all'asse z.

Il principio di indeterminazione

In meccanica classica il modello dinamico di una particella è l'equazione di Newton, risolvendo la quale per la situazione fisica in esame si trova la posizione e il momento lineare a ogni istante (ossia la traiettoria). Da queste due grandezze si ricavano poi anche le altre grandezze dinamiche, come l'energia cinetica e il momento angolare, per mezzo di opportune espressioni matematiche. Il modello newtoniano classico è in questo senso completo, poiché fornisce ogni informazione fisica sul moto della particella.

In meccanica quantistica il modello dinamico di una particella è invece l'equazione di Schrödinger, risolvendo la quale per la situazione fisica in esame si trova la funzione di stato ψ a ogni istante.

In accordo con la concezione probabilistica di Born, questa funzione fornisce informazioni sulla posizione, ma in realtà si dimostra essere molto più ricca. Ci sono infatti delle procedure matematiche che permettono di ricavare dalla funzione di stato informazioni su tutte le grandezze fisiche relative alla particella. Abbiamo già visto infatti nel caso dell'atomo che la funzione ψ fornisce informazioni su energia, modulo del momento angolare orbitale e componente di quest'ultimo lungo un asse arbitrario. Si comprende allora la ragione per cui il nome "funzione di stato" è appropriato.

La differenza essenziale è che mentre in meccanica classica le informazioni che si estraggono dal modello teorico sono sempre valori determinati delle grandezze, in meccanica quantistica invece le informazioni sono in generale probabilistiche. Per ogni grandezza fisica dinamica, a un dato istante di tempo, la teoria non fornisce un valore bensì le probabilità di tutti i possibili valori: una distribuzione di probabilità (che nel caso di una variabile continua, qual è la posizione, è espressa come abbiamo visto da una funzione densità di probabilità). Per la posizione la distribuzione di probabilità è data direttamente dal modulo quadrato della funzione di stato, per le altre grandezze da una diversa espressione (reale, non negativa e normalizzata) che coinvolge la funzione ψ.

Bisogna tenere ben presente qual è il legame tra il modello teorico e i risultati delle misure. In ogni singola misura si ottiene sempre un certo preciso valore; ripetendo però la misura su un sistema posto nelle stesse condizioni fisiche, i valori che ogni volta si ottengono sono in generale diversi, con un'assegnata probabilità. È in questo senso che si parla di valore non determinato.

Ora, può esserci una situazione fisica in cui per una data grandezza si abbia probabilità 1 (certezza) per un particolare valore e probabilità 0 (impossibilità) per tutti gli altri: un risultato determinato è un caso particolare di uno probabilistico. Per esempio, nel lancio di un dado equilibrato ognuna delle sei facce si presenta con probabilità 1/6; lanciando molte volte il dado si ottiene ogni volta una faccia precisa, ma ciascuna faccia si presenta statisticamente un sesto delle volte. Consideriamo invece la diversa situazione fisica in cui il peso del dado è sbilanciato in maniera da rendere leggera la faccia con il numero 6. Avremo allora probabilità 1 per questa faccia e probabilità 0 per le altre cinque. In questa situazione fisica il valore della faccia a seguito di un lancio è determinato: eseguendo più volte il lancio si ottiene sempre lo stesso risultato.

Ci sono due parametri che caratterizzano una distribuzione di probabilità: uno è la media dei valori che si ottengono eseguendo misure successive sul sistema posto nel medesimo stato fisico; l'altro è la dispersione di questi valori attorno alla media.

La valutazione quantitativa della dispersione si chiama deviazione standard e si indica con la lettera σ. Una deviazione standard grande indica che i valori ottenuti nelle misure successive sono "sparpagliati" intorno alla media, mentre se la distribuzione standard è piccola vuol dire che i valori sono concentrati, vicini tra di loro e alla media. Una grandezza determinata non ha alcuna dispersione: la corrispondente deviazione standard è nulla. Questo per esempio è ciò che avviene in meccanica quantistica subito dopo aver eseguito una misura di quella grandezza.

Le soluzioni dell'equazione di Schrödinger applicata all'atomo di idrogeno sono le funzioni di stato

$$\psi_{nlm_l}$$

che abbiamo chiamato anche orbitali. Ogni funzione descrive uno stato dell'atomo con le seguenti caratteristiche.

- La posizione è una grandezza probabilistica vera e propria, con dispersione non nulla. La stessa cosa vale per il momento lineare; entrambe le grandezze non sono quantizzate.
- Le grandezze quantizzate energia, modulo del momento angolare, proiezione del momento angolare su un asse orientato arbitrario hanno dispersione nulla, sono cioè grandezze determinate.

In altre situazioni fisiche la distribuzione di probabilità di queste grandezze è in generale diversa e può esserci o non esserci un certo numero di grandezze determinate.

Si potrebbe allora immaginare un'ipotetica situazione fisica in cui tutte le grandezze dinamiche del moto abbiano dispersione zero e siano pertanto determinate. Un tale stato fisico sarebbe del tutto privo di grandezze probabilistiche, al pari degli stati fisici classici. Questo certamente non eliminerebbe la probabilità (ontologica) dal mondo fisico, le conferirebbe tuttavia un ruolo meno fondamentale.

Ebbene, questa possibilità viene preclusa dal principio di indeterminazione, introdotto da Werner Heisenberg (1901-1976) nel 1927, che afferma che le grandezze fisiche si presentano a coppie incompatibili.

Nella versione "di dispersione", il principio di indeterminazione è insito nella teoria di Schrödinger: per ogni grandezza *a* esiste sempre una grandezza *b* tale che le due formano una coppia incompatibile. Il significato di questo è che il prodotto delle dispersioni delle due grandezze non può essere minore di una costante, pari alla metà della costante di Planck ridotta:

$$\sigma_a \sigma_b \geq \frac{\hbar}{2}$$

Perciò se la dispersione della grandezza *a* è piccola, quella della grandezza *b* deve essere grande e viceversa. Nel caso estremo, quando una delle due grandezze incompatibili è determinata (σ=0), l'altra deve essere totalmente indeterminata (formalmente σ infinita, che vuol dire che tutti i risultati sono equiprobabili).

La casualità intrinseca della meccanica quantistica pertanto non può essere aggirata: in ogni situazione fisica ci possono essere più grandezze fisiche compatibili tra loro che sono determinate, ma ci sarà sempre anche almeno una grandezza non determinata.

Il principio di indeterminazione può essere visto come un aspetto della complementarità di Bohr: ogni sistema fisico presenta aspetti inconciliabili tra loro. Si può realizzare un sistema in cui la grandezza *a* è determinata, ma allora non lo è la *b* e viceversa.

La più nota coppia di grandezze incompatibili è quella costituita da posizione e momento lineare. Per l'elettrone nell'atomo, entrambe queste grandezze sono probabilistiche con dispersione non nulla e il prodotto delle loro dispersioni soddisfa al vincolo imposto dalla relazione di indeterminazione.

Una condizione molto particolare si verifica per il momento angolare orbitale. Infatti qui le coppie di grandezze incompatibili sono le componenti lungo direzioni ortogonali di questa stessa grandezza fisica vettoriale. Per quanto possa apparire sorprendente, non può esistere uno stato fisico dell'atomo in cui componenti ortogonali del momento angolare siano contemporaneamente determinate.

Come abbiamo visto, le funzioni di stato atomiche etichettate da (n, l, m_l) hanno valori determinati per le grandezze E, L e L_z, che infatti sono tutte compatibili tra di loro. Le componenti L_x e L_y, e in generale tutte quelle secondo un asse che giace nel piano perpendicolare a z, sono di conseguenza totalmente indeterminate. Questo è il motivo per cui il vettore $\boldsymbol{L}$ può trovarsi in una posizione qualunque sulla superficie del cono (o sulla circonferenza per $m_l = 0$), in maniera casuale e con la medesima probabilità.

Nel modello atomico di Bohr l'elettrone percorre delle orbite classiche che sono tutte contenute in un piano. Il vettore momento angolare orbitale $\boldsymbol{L}$ è sempre perpendicolare a questo piano e indica così l'orientazione spaziale dell'atomo "piatto" di Bohr. Nel sistema solare, che obbedisce alla meccanica classica, il vettore $\boldsymbol{L}$ di un pianeta indica l'inclinazione nello spazio tridimensionale del piano su cui si svolge la sua orbita. Il modello atomico di Schrödinger è tridimensionale ma si conforma ai dettami della meccanica quantistica: l'elettrone non ha un'orbita né un piano su cui questa si svolga. Pertanto non sarebbe possibile avere un vettore $\boldsymbol{L}$ completamente determinato, altrimenti questo indicherebbe proprio tale inesistente piano dell'orbita; il ruolo del principio di indeterminazione è proprio quello di impedirlo.

La scelta degli assi è del tutto arbitraria, per cui l'asse z a cui abbiamo fatto riferimento può essere all'atto pratico una direzione orientata qualunque, che deve però essere contraddistinta in maniera fisica. Questo si fa eseguendo una misura sull'atomo mediante un campo magnetico esterno che ha appunto un'assegnata direzione.

Ricordiamo che al momento angolare di una particella carica corrisponde sempre un campo magnetico. È quest'ultimo che viene operativamente misurato, e da questa misura si risale a quella del momento angolare. Utilizzando un campo magnetico esterno la cui direzione orientata chiamiamo z, questo interagisce con quello interno all'atomo dovuto al momento angolare: il risultato finale è la misura della componente L_z rispetto alla direzione scelta.

Nel caso in esame, il significato operativo del principio di indeterminazione in definitiva è che non è possibile realizzare un apparato che misuri insieme più di una componente ortogonale del momento angolare. Inoltre, non funziona l'idea di fare prima una misura lungo una direzione z, poi girare l'apparato e misurare lungo una direzione perpendicolare alla prima. Infatti, così facendo succede semplicemente che la nuova direzione è ancora una direzione arbitraria fisicamente marcata dall'esterno, quindi ancora quella che convenzionalmente chiamiamo z.

La misura può essere eseguita come segue. L'interazione tra il campo magnetico esterno e quello interno fa variare l'energia dei livelli atomici, rompendo la degenerazione. Per esempio i tre orbitali del sottoguscio $2p$ (n=1, l=1), che normalmente hanno tutti lo stesso valore di energia, in conseguenza della presenza del campo magnetico esterno diventano tre livelli molto vicini, corrispondenti ai tre valori di m_l: −1 (livello un po' più basso), 0 (stesso livello), +1 (livello un po' più alto). Se gli atomi sottoposti al campo magnetico esterno vengono eccitati, statisticamente un terzo si porterà su ciascuno dei tre livelli in cui è stato scomposto il livello n=1. Gli elettroni poi ricadono al livello fondamentale n=0, con l'effetto che si osserva non una sola riga spettrale bensì tre molto vicine; da queste si risale ai tre valori quantizzati della componente del momento angolare orbitale atomico secondo una direzione scelta arbitrariamente.

Questa separazione delle righe spettrali emesse dall'atomo sotto l'influsso di un campo magnetico si chiama effetto Zeeman (normale) ed era sperimentalmente nota già dal 1896.

Lo spin dell'elettrone

All'inizio degli anni Venti del Novecento, Otto Stern (1888-1969) e Walter Gerlach (1889-1979) idearono un apparato per misurare la separazione dei livelli energetici, quindi in definitiva la componente L_z, con un diverso metodo: convertendola in uno spostamento spaziale.

Questo metodo condusse però a un risultato inatteso e inspiegabile e così a una nuova scoperta di un aspetto del mondo fisico.

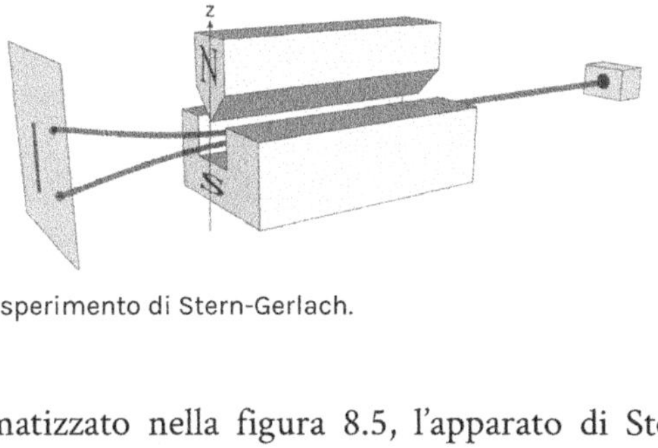

Figura 8.5 L'esperimento di Stern-Gerlach.

Come schematizzato nella figura 8.5, l'apparato di Stern-Gerlach consiste in un magnete i cui due poli sud e nord sono sagomati in maniera diversa tra di loro. La direzione S-N dell'apparato è quella di riferimento, che chiamiamo asse z.

Facendo passare un fascio di atomi di idrogeno attraverso l'apparato, a causa della sagomatura disuniforme dei due poli ogni atomo viene deviato in maniera proporzionale alla componente z del suo campo magnetico interno (quindi del suo momento angolare orbitale). Gli atomi del fascio hanno statisticamente ogni possibile valore della componente; quelli con L_z positiva verranno allora deviati verso il polo *N*, quelli con L_z negativa verso il polo *S*, mentre quelli con L_z nulla non subiranno alcuna deviazione.

Secondo la fisica classica la componente L_z non è quantizzata, per cui si dovrebbe ottenere sullo schermo la linea continua raffigurata a sinistra nella figura 8.5, la stessa che si otterrebbe facendo passare attraverso l'apparato un fascio di minuscole calamite orientate alla rinfusa.

Sappiamo che invece la componente

$$L_z = m_l \hbar$$

è quantizzata, per cui ci aspettiamo un certo numero di punti discreti sullo schermo, per l'esattezza tanti quanti sono i valori assunti dal numero quantico magnetico. Per esempio, se gli atomi si trovano nello stato $2p$ ($n=2$, $l=1$) si dovrebbero ottenere tre punti, in corrispondenza dei tre valori -1, 0, $+1$ di m_l. Per un generico l, il numero quantico magnetico assume $2l+1$ valori, per cui i punti sarebbero in ogni caso un numero dispari (1, 3, 5, 7, ...): un punto centrale non deviato e simmetricamente un uguale numero l di punti sia al di sopra sia al di sotto di questo.

Il risultato dell'esperimento di Stern-Gerlach, eseguito per la prima volta nel 1922 (con atomi di argento), è che invece si ottengono sempre esattamente due punti, come si vede nella figura 8.5.

Sulla base della teoria di Schrödinger questo è impossibile. Poiché la teoria fa una previsione in contrasto con un risultato sperimentale ci sono due sole possibilità: o è errata oppure è incompleta. Dato che la teoria di Schrödinger ha notevoli successi e mostra un alto grado di correttezza e precisione, ci si orientò preferenzialmente sull'ipotesi dell'incompletezza. Nella teoria manca qualcosa, esiste un qualche fenomeno o proprietà fisica aggiuntiva di cui l'equazione di Schrödinger non tiene conto.

Nel 1927 l'esperimento fu eseguito con atomi di idrogeno, eliminando ogni possibile dubbio perché si tratta di atomi con un solo elettrone.

Inoltre gli atomi si trovano nello stato fondamentale 1*s* (n=1, l=0) essendo stati emessi nell'esperimento da una sorgente a temperatura relativamente bassa. Ci si aspetta che il fascio non venga deviato, producendo sullo schermo un solo punto centrale; il fascio invece viene deviato in due fasci simmetrici producendo i soliti due punti.

Responsabile di questo può essere solo una particella carica nell'atomo che abbia un suo proprio momento angolare aggiuntivo, dato che quello orbitale è nullo. Una possibilità è il protone positivo nel nucleo, che però per via della sua massa (che compare al denominatore nella formula applicabile) produrrebbe un campo magnetico troppo piccolo rispetto alla deviazione misurata. Non rimane che l'elettrone.

Già nel 1925 George Uhlenbeck (1900-1988) e Samuel Goudsmit (1902-1978) avevano formulato l'ipotesi che si rivelerà corretta: l'elettrone, oltre al momento angolare orbitale dovuto al legame con il nucleo, ha un suo proprio momento angolare di spin, come avviene classicamente per una sferetta rotante su se stessa.

Il problema è che l'elettrone non può ruotare su se stesso perché a tutti gli effetti è puntiforme. Si tratta perciò di una proprietà squisitamente quantistica, che non ha alcun corrispettivo classico. Nonostante non si possa parlare di rotazione sul proprio asse, l'elettrone possiede un momento angolare di spin e di conseguenza, essendo dotato di carica elettrica, si comporta come un dipolo magnetico. È quest'ultimo che viene rilevato sperimentalmente dall'apparato di Stern-Gerlach.

L'equazione di Schrödinger è compatibile con lo spin dell'elettrone, ma non lo prevede; questa nuova grandezza fisica può tuttavia essere facilmente inserita nella teoria.

Poiché lo spin, che indichiamo con $\mathbf{S}$, è un momento angolare, si può assumere che si comporti esattamente come $\mathbf{L}$. Avrà cioè valori determinati e quantizzati solo per il modulo S e per la componente secondo un asse arbitrario S_z, con le medesime relazioni di quantizzazione:

$$S = \sqrt{s(s+1)} \cdot \hbar \qquad S_z = m_s \hbar$$

Occorre quindi introdurre per lo spin due nuovi numeri quantici, s e m_s, analoghi di quelli, l e m_l, che riguardano il momento angolare orbitale.

Sempre per analogia si fa l'ulteriore assunzione che i possibili valori di m_s vadano da $-s$ a $+s$ a passi di 1; l'esperimento mostra del resto che ci sono solo due possibili valori di S_z, uno negativo e uno positivo.

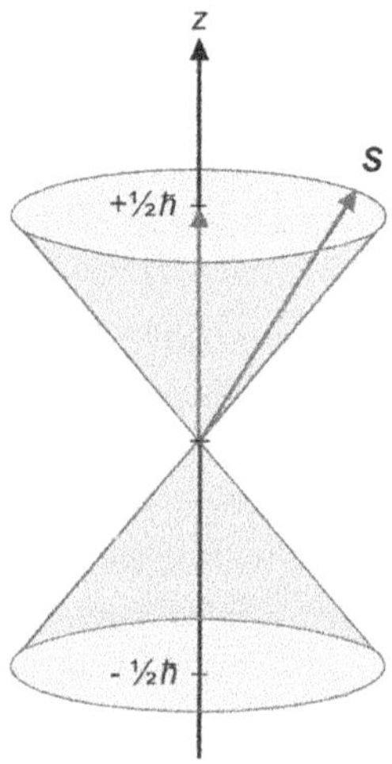

Figura 8.6 Momento angolare di spin dell'elettrone.

L'unica maniera di conciliare queste due richieste è assumere che s abbia un unico possibile valore dato da

$$s = \frac{1}{2}$$

Di conseguenza ci sono due possibili valori per m_s:

$$m_s = -\frac{1}{2} \qquad m_s = +\frac{1}{2}$$

Queste assunzioni sono in perfetto accordo con i dati sperimentali.

La figura 8.6 è analoga alla figura 8.4. L'elettrone ha sempre un momento angolare di spin il cui modulo vale

$$S=\sqrt{\frac{3}{4}}\cdot\hbar$$

e la cui componente S_z può assumere uno dei due valori

$$S_z=-\frac{1}{2}\hbar \qquad S_z=+\frac{1}{2}\hbar$$

Le componenti S_x e S_y sono invece indeterminate: il vettore ***S*** può stare su uno dei due coni della figura 8.6. Anche qui, non sarebbe possibile avere un vettore ***S*** completamente determinato, altrimenti questo indicherebbe una direzione privilegiata, quella dell'asse di una rotazione che fisicamente non esiste.

I due tipi di momento angolare dell'elettrone, orbitale e di spin, si comportano in maniera diversa. Infatti, a differenza di quanto avviene per l, il numero s non entra a caratterizzare la situazione fisica specifica in cui si trova l'elettrone; non può infatti distinguere uno stato fisico da un altro perché ha un solo valore possibile in ogni circostanza. Il valore di s (chiamato ancora semplicemente spin) caratterizza piuttosto la particella stessa, rappresenta cioè una proprietà intrinseca dell'elettrone al pari della massa e della carica; per questo si dice che l'elettrone ha spin ½. Come si scoprì in seguito, lo spin in realtà è una proprietà intrinseca di ogni particella elementare: per esempio, il protone e il neutrone hanno pure spin ½, mentre il fotone ha spin 1.

Il numero quantico m_s, invece, ha due diversi possibili valori e quindi può distinguere due stati fisici; pertanto, al pari di m_l, gioca un ruolo nel caratterizzare la situazione dinamica dell'elettrone. Convenzionalmente, si dice spesso che l'elettrone può avere spin *up* o *down* ("su" o "giù") e simbolicamente si indicano le due possibilità rispettivamente con "↑" e "↓", o in altri modi ancora.

Negli stati stazionari dell'atomo, m_s assume un valore determinato e va ad aggiungersi agli altri tre numeri quantici nel caratterizzare questi stati. Includendo lo spin, i numeri quantici sono in tutto quattro:

$$n,\ l,\ m_l,\ m_s$$

A ogni orbitale definito da (n, l, m_l) corrispondono ora non uno ma due stati dell'elettrone nell'atomo, uno per ciascun valore del numero quantico di spin m_s.

n	1	2		3		
l	0 (s)	0 (s)	1 (p)	0 (s)	1 (p)	2 (d)
m_l	0	0	−1, 0, +1	0	−1, 0, +1	−2, −1, 0, +1, +2
m_s	+½, −½	+½, −½	+½, −½	+½, −½	+½, −½	+½, −½
molteplicità	2	2	6	2	6	10

Figura 8.7 Numeri quantici degli stati dell'atomo includendo lo spin.

La molteplicità degli stati viene di conseguenza raddoppiata, come si vede nella figura 8.7 che va confrontata con la figura 8.3. Per esempio gli orbitali del sottoguscio $2p$ (n=2, l=1) rappresentano in tutto sei stati e non tre; ciascuno è caratterizzato, oltre che da un valore determinato (tra i tre possibili) del numero quantico magnetico m_l, anche da un valore determinato (tra i due possibili) del numero quantico di spin m_s. Lo stato fondamentale, orbitale $1s$ (n=1, l=0), sono in realtà due stati: in uno l'elettrone ha in maniera determinata spin su e nell'altro spin giù.

Atomi con più elettroni

Le conoscenze acquisite per l'atomo con un elettrone sono la base per studiare quelli con più elettroni e quindi la struttura degli elementi.

L'applicazione dell'equazione di Schrödinger agli atomi con più elettroni presenta maggiori difficoltà che non per il caso monoelettrone. Il principale motivo è che ciascun elettrone è sottoposto non solo all'interazione elettromagnetica dovuta al nucleo, ma anche a quella dovuta a tutti gli altri elettroni. Tuttavia, usando delle ingegnose approssimazioni successive si ottengono i risultati voluti. In particolare, si ottiene l'informazione più importante, che è la struttura dei livelli energetici.

La tavola periodica degli elementi

Periodi \ Gruppi	1	2	3		4	5	6	7	8	9	10	11	12	13	14	15	16	17	18
1	1 H																		2 He
2	3 Li	4 Be												5 B	6 C	7 N	8 O	9 F	10 Ne
3	11 Na	12 Mg												13 Al	14 Si	15 P	16 S	17 Cl	18 Ar
4	19 K	20 Ca	21 Sc		22 Ti	23 V	24 Cr	25 Mn	26 Fe	27 Co	28 Ni	29 Cu	30 Zn	31 Ga	32 Ge	33 As	34 Se	35 Br	36 Kr
5	37 Rb	38 Sr	39 Y		40 Zr	41 Nb	42 Mo	43 Tc	44 Ru	45 Rh	46 Pd	47 Ag	48 Cd	49 In	50 Sn	51 Sb	52 Te	53 I	54 Xe
6	55 Cs	56 Ba	57 La	*	72 Hf	73 Ta	74 W	75 Re	76 Os	77 Ir	78 Pt	79 Au	80 Hg	81 Tl	82 Pb	83 Bi	84 Po	85 At	86 Rn
7	87 Fr	88 Ra	89 Ac	**	104 Rf	105 Db	106 Sg	107 Bh	108 Hs	109 Mt	110 Ds	111 Rg	112 Cn	113 Nh	114 Fl	115 Mc	116 Lv	117 Ts	118 Og
				*	58 Ce	59 Pr	60 Nd	61 Pm	62 Sm	63 Eu	64 Gd	65 Tb	66 Dy	67 Ho	68 Er	69 Tm	70 Yb	71 Lu	
				**	90 Th	91 Pa	92 U	93 Np	94 Pu	95 Am	96 Cm	97 Bk	98 Cf	99 Es	100 Fm	101 Md	102 No	103 Lr	

Figura 8.8 *Tavola periodica degli elementi.*

Tutti gli elementi noti sono ordinati in una tabella con 18 colonne dette gruppi e 7 righe dette periodi, secondo il numero atomico Z crescente da sinistra a destra e dall'alto in basso.

L'organizzazione della tabella riflette il fatto che gli elementi hanno una relazione periodica tra di loro. Gli elementi di uno stesso gruppo hanno proprietà chimiche simili e queste proprietà in generale variano progressivamente lungo i periodi.

Per ragioni pratiche, le due serie di elementi chiamate rispettivamente lantanidi (58-71) e attinidi (90-103) vengono di solito poste in due righe separate (in basso nella tabella).

Nell'antichità erano noti 11 elementi (non considerati tali, ma come sostanze): carbonio ($_{6}C$), zolfo ($_{16}S$), ferro ($_{23}Fe$), rame ($_{26}Cu$), arsenico ($_{33}As$), argento ($_{47}Ag$), stagno ($_{50}Sn$), antimonio ($_{51}Sb$), oro ($_{79}Au$), mercurio ($_{80}Hg$), piombo ($_{82}Pb$). Mendeleev ne conosceva 78. Oggi si conoscono 118 elementi. I 92 che vanno dall'idrogeno all'uranio sono presenti in natura in varia misura, essendo stabili o, com'è il caso dell'uranio, con tempi di decadimento radioattivo molto lunghi. Gli elementi con numero atomico da 93 a 118, i "transuranici", sono stati prodotti artificialmente; in seguito alcuni di loro (come $_{93}Np$ e $_{94}Pu$) sono stati scoperti anche in natura.

Gli stati discreti di un elettrone nell'atomo multielettrone sono identificati dai quattro numeri quantici nello stesso modo che nell'atomo di idrogeno. La fondamentale differenza è che ora l'energia E di ciascuno stato non dipende solo dal numero quantico principale n ma anche dal numero quantico azimutale l; i livelli energetici vanno quindi etichettati con entrambi:

$$E_{nl}$$

I livelli energetici corrispondono cioè non ai gusci ma ai sottogusci. Si comprende perciò la rilevanza che a questi ultimi viene assegnata dalla notazione spettroscopica. Nell'atomo con un elettrone l'insieme degli stati con la stessa energia è il guscio, nell'atomo con più elettroni l'insieme degli stati con la stessa energia è il sottoguscio.

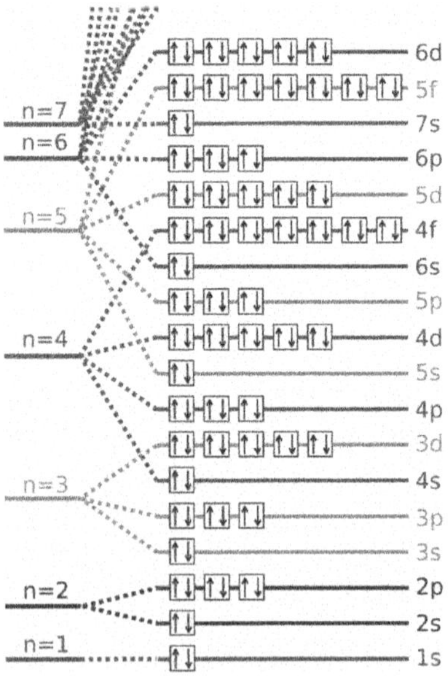

Figura 8.9 Livelli energetici nell'atomo multielettrone.

I livelli energetici dell'atomo con più elettroni sono indicati nella figura 8.9 (dove la separazione tra i livelli non è in scala). Per ogni sottoguscio gli stati degeneri corrispondenti a valori diversi di m_l sono indicati con dei quadratini; al loro interno le due frecce indicano gli stati degeneri corrispondenti ai due valori diversi di m_s (spin su e giù).

L'ordine dei sottogusci per energia crescente non è quello che ci si potrebbe aspettare. Nella figura 8.9 si vede infatti che dopo 1*s*, 2*s*, 2*p*, 3*s*, 3*p* in ordine di energia non viene 3*d*, bensì 4*s*. Il motivo di questo ordinamento si può capire usando un'immagine classica: quando *n* aumenta l'elettrone si trova più lontano dal nucleo e l'interazione viene schermata dalla presenza degli altri elettroni che sono più vicini. Di conseguenza, per quanto riguarda l'energia il "peso" di *n* rispetto a quello di *l* diminuisce.

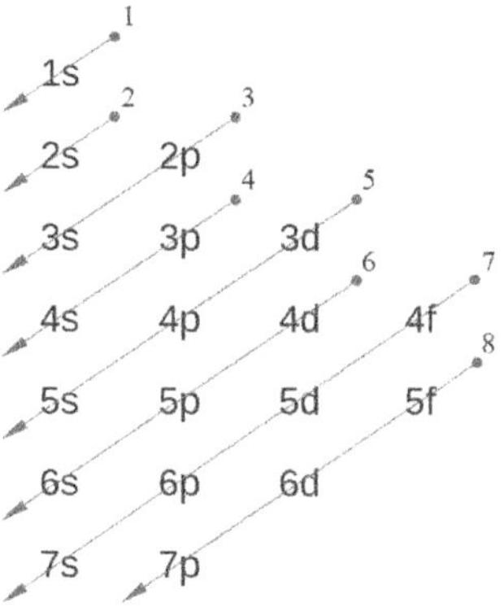

Figura 8.10 La regola di Madelung.

L'ordine energetico dei sottogusci segue (con qualche eccezione) una semplice regola diagonale evidenziata da Erwin Madelung (1881-1972) e illustrata nella figura 8.10, dove ogni diagonale ha un valore fisso di $n+l$ che va da 1 a 8.

Consideriamo allora *Z* elettroni che vanno a formare un atomo neutro legandosi a un nucleo con *Z* protoni. Secondo il principio che un sistema fisico tende a porsi nello stato a energia minore, dovrebbe avvenire che in condizioni non eccitate tutti gli elettroni presenti risiedano nel sottoguscio 1*s*. L'atomo sarebbe allora totalmente privo di struttura e il legame chimico risulterebbe impossibile: gli elementi chimici e quindi la materia come la conosciamo non potrebbero esistere.

C'è però una legge della natura che dispone altrimenti, il principio di esclusione di Pauli: due elettroni nell'atomo non possono mai trovarsi nello stesso stato, ossia non possono avere gli stessi valori dei quattro numeri quantici.

Questa è la formulazione per il caso particolare dell'atomo, ma il principio di esclusione è un principio generale della meccanica quantistica. In un sistema quantistico, particelle identiche con spin semidispari (i "fermioni"), come l'elettrone, non possono trovarsi nello stesso stato. Non sono invece soggette a questa limitazione le particelle con spin intero (i "bosoni"), come il fotone.

Dovendo sottostare sia al principio di minimizzazione dell'energia sia al principio di esclusione, gli elettroni si ripartiscono nei vari sottogusci anziché accumularsi in uno solo. Si può ricavare la configurazione elettronica di tutti gli elementi nello stato fondamentale (tenendo conto di alcune eccezioni) mediante un procedimento chiamato con il termine tedesco *Aufbau*, che vuol dire nella fattispecie: struttura, organizzazione, costruzione. In quanto segue si faccia riferimento alle figure 8.8, 8.9 e 8.10.

Iniziamo dall'idrogeno, che ha un solo elettrone e perciò il suo stato fondamentale sarà il sottoguscio 1*s*. Con la seguente comoda notazione indichiamo il numero di elettroni presenti nei livelli energetici di un dato elemento:

$$_1H: \qquad 1s^1$$

Il numero posto ad apice a destra del simbolo di sottoguscio è il numero di elettroni presenti in quel livello energetico.

Passiamo all'elio, che ha $Z = 2$. I due elettroni si trovano ancora entrambi nel livello energetico più basso poiché hanno i primi tre numeri quantici uguali ($n = 1$, $l = 0$, $m_l = 0$) ma differiscono nel valore del numero quantico di spin ($m_s = \pm½$):

$$_{2}He: \quad 1s^2$$

Nel litio, $Z=3$, il terzo elettrone per il principio di esclusione non può stare nel livello energetico $1s$ dove risiedono i primi due. La capacità del sottoguscio $1s$, pari a 2, è infatti esaurita; come si dice, il sottoguscio è completo o chiuso. Dovendo avere almeno un numero quantico diverso occorre passare al sottoguscio $2s$, quello a energia più bassa ora disponibile:

$$_{3}\mathrm{Li}: \quad 1s^2\,2s^1$$

Come tutti i livelli s, anche il sottoguscio $2s$ ha capacità 2; il berillio, con $Z=4$, completa anche questo livello energetico:

$$_{4}\mathrm{Be}: \quad 1s^2\,2s^2$$

A questo punto si deve passare al prossimo livello, il $2p$, il quale, come tutti i sottogusci p, può accomodare 6 elettroni. Gli elementi boro, carbonio, azoto, ossigeno, fluoro e neon nell'ordine completano progressivamente il sottoguscio $2p$:

$$
\begin{array}{ll}
_{5}\mathrm{B}: & 1s^2\,2s^2\,2p^1 \\
_{6}\mathrm{C}: & 1s^2\,2s^2\,2p^2 \\
_{7}\mathrm{N}: & 1s^2\,2s^2\,2p^3 \\
_{8}\mathrm{O}: & 1s^2\,2s^2\,2p^4 \\
_{9}\mathrm{F}: & 1s^2\,2s^2\,2p^5 \\
_{10}\mathrm{Ne}: & 1s^2\,2s^2\,2p^6
\end{array}
$$

Il successivo periodo della tavola periodica va dal sodio all'argon e comprende i due elementi che completano il sottoguscio $3s$ e i sei elementi che completano il sottoguscio $3p$:

$$
\begin{array}{ll}
_{11}\mathrm{Na}: & 1s^2\,2s^2\,2p^6\,3s^1 \\
\vdots & \\
_{18}\mathrm{Ar}: & 1s^2\,2s^2\,2p^6\,3s^2\,3p^6
\end{array}
$$

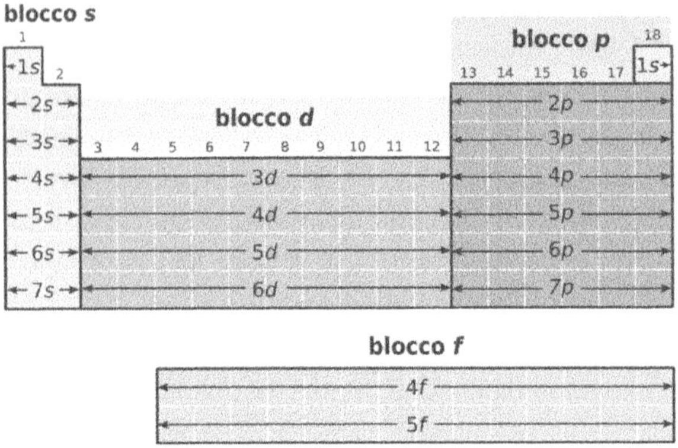

Figura 8.11 Tavola periodica e sottogusci.

Proseguendo in questo modo si trova la relazione completa tra la tavola periodica e la configurazione elettronica, illustrata nella figura 8.11 (da confrontare con la figura 8.8). I sottogusci coinvolti vanno da 1*s* (completo in $_2$He) a 7*p* (completo in $_{118}$Og).

La teoria atomica quantistica spiega sia la periodicità delle proprietà chimiche degli elementi, finora un fatto solo empirico, sia a che cosa sono dovute queste proprietà.

La tavola periodica era stata costruita empiricamente ponendo nella stessa colonna gli elementi che hanno proprietà simili. La teoria atomica mostra, come è evidente dalla figura 8.11, che in una stessa colonna vanno a cadere gli elementi affini dal punto di vista della configurazione elettronica, quelli cioè che condividono lo stesso tipo di sottoguscio esterno e il numero di elettroni che lo occupano. A titolo di esempio, tutti gli elementi che hanno 2 elettroni nel sottoguscio esterno di tipo *p* stanno nella stessa colonna (gruppo 14). Pertanto la periodicità delle proprietà è ricondotta alla periodicità della configurazione elettronica.

Soprattutto, si trova che le proprietà chimiche degli elementi si spiegano mediante la configurazione elettronica. Il principio di base è che un sottoguscio completo è stabile, il suo numero di elettroni non varia (o varia difficilmente) per via del principio di esclusione e della differenza di energia con gli altri sottogusci. Ora, tutti i sottogusci interni sono completi per definizione, solo quello esterno può essere completo o meno. Il sottoguscio esterno di un elemento è il livello a energia più elevata che possiede almeno un elettrone; è l'ultimo sottoguscio a destra indicato nelle configurazioni viste sopra, per esempio il $2p$ per l'ossigeno. Si capisce perciò come il ruolo determinante nel legame chimico venga svolto dal sottoguscio esterno. Vediamo con alcuni esempi come funziona questo meccanismo.

Notiamo che l'idrogeno è in realtà un caso a sé stante essendo l'unico atomo con un solo elettrone. Nella stessa colonna (gruppo 1) si trovano però i metalli alcalini (litio, sodio, potassio, rubidio, cesio, francio) che hanno tutti un solo elettrone nel sottoguscio esterno di tipo *s* (da $2s^1$ a $7s^1$). L'unico elettrone *s* esterno è legato in maniera relativamente debole all'atomo, ossia all'insieme di nucleo più sottogusci completi. Di conseguenza i metalli alcalini sono molto attivi chimicamente, poiché risulta energeticamente favorevole sbarazzarsi dell'elettrone "spaiato" e passare così alla ben più stabile configurazione con un sottoguscio esterno di tipo *p* completo. Il solitario elettrone del sottoguscio *s* esterno si chiama per questa ragione elettrone di valenza.

Viceversa agli elementi, chiamati alogeni, del gruppo 17 (fluoro, cloro, bromo, iodio, astato), manca un solo elettrone per completare il sottoguscio esterno di tipo *p*.

Se allora l'atomo di un metallo alcalino come il sodio interagisce con l'atomo di un alogeno come il cloro, l'elettrone in più del primo passa nel posto vuoto del secondo ed entrambi raggiungono una configurazione stabile a energia complessiva più bassa. Si origina così il legame ionico della molecola di cloruro di sodio NaCl, di cui abbiamo già parlato: i due ioni Na^+ e Cl^- sono uniti dall'attrazione elettrostatica.

Un altro tipo molto comune di legame chimico, preponderante nei composti organici, è il legame covalente. In questo caso è energeticamente favorevole che una o più coppie di elettroni del sottoguscio esterno, anziché passare da un atomo a un altro, vengono condivise tra i due atomi. In tal modo i singoli atomi possono raggiungere una configurazione stabile; gli elettroni condivisi vanno a formare un orbitale esteso all'intera molecola, detto perciò "orbitale molecolare". Esempi di molecole covalenti sono H_2, CO_2, SO_2, CH_4.

L'ultima colonna a destra della tavola periodica, il gruppo 18, comprende i gas nobili (elio, neon, argon, kripton, xenon, radon). Questi elementi hanno il sottoguscio esterno, di tipo *p*, completo. Sappiamo che i sottogusci completi sono sempre stabili; la differenza di energia tra un sottoguscio *p* e il sottoguscio successivo è poi particolarmente elevata. Per questa ragione i gas nobili sono difficili da eccitare e praticamente inerti dal punto di vista chimico, nel senso che molto difficilmente interagiscono con altri atomi per formare composti.

9
L'atomismo al tempo della meccanica quantistica

Il ritorno del caso

Così scriveva Werner Heisenberg nel 1942:

> Nell'ambito della realtà le cui condizioni sono formulate dalla teoria quantistica, le leggi naturali non conducono quindi a una completa determinazione di ciò che accade nello spazio e nel tempo; l'accadere [...] è piuttosto rimesso al gioco del caso.

Un'asciutta sintesi che puntualizza il totale ribaltamento concettuale avvenuto dopo poco più di cento anni dallo scritto meccanicista di Laplace che celebrava l'affermazione del determinismo e la conseguente esclusione della casualità dal mondo fisico. La meccanica quantistica riporta nella descrizione del mondo, questa volta in forma scientifica e sistematica, la deviazione casuale immaginata come *clinàmen* da Lucrezio: un effetto senza causa.

La grande avventura intellettuale dell'umanità che abbiamo chiamato atomismo è giunta infine alla comprensione della struttura della materia, dall'atomo alla molecola, alla chimica, alla fisica dello stato solido. Una conoscenza preclusa all'approccio classico meccanicistico della scienza e che in aggiunta ha condotto alle mirabolanti tecnologie, come l'elettronica, che nella nostra epoca scandiscono la quotidianità del singolo individuo e il funzionamento dell'intera società.

La meccanica quantistica è senza dubbio la teoria fondamentale della natura, di cui la fisica classica costituisce un caso limite. Per ricavare la seconda dalla prima non è però sufficiente fare appello a un principio di corrispondenza; non basta fare tendere a un limite un certo parametro per ritrovare la teoria classica a partire da quella quantistica. Il vero grande mistero della meccanica quantistica, infatti, è come avvenga esattamente il passaggio dall'indeterminismo a cui le parti microscopiche sono soggette al determinismo a cui il tutto obbedisce macroscopicamente; dal mondo delle probabilità a livello atomico a quello dei solidi oggetti che ci circondano. Il modello della meccanica quantistica serve per assegnare una probabilità ai risultati di una misura, ma si ferma prima della misura stessa. Il processo fisico della misura non è incluso in questo modello; ne occorrerebbe uno apposito che, a parte alcuni tentativi, non abbiamo.

Il carattere intrinseco della casualità quantistica pone dei seri problemi filosofici. Prendiamo in esame per esempio la misura della componente *z* dello spin dell'elettrone, in cui i due possibili risultati sono equiprobabili: una sorta di "lancio della moneta" quantistico, la cui casualità è però insita nella natura del fenomeno. A differenza del lancio della moneta classico, dove il risultato è perfettamente determinato dalle leggi fisiche e dalle condizioni iniziali, sebbene noi non siamo in grado di prevederlo.

Che cosa fa sì allora che in una singola misura con l'apparato di Stern-Gerlach si ottenga spin su oppure spin giù? Nulla: si tratta di un effetto senza causa; il principio di casualità, fondamento della scienza fin da quando è nata, viene a cadere. L'elettrone, o meglio la natura, non ha un criterio per fornire il risultato della singola misura.

Se uno dei due possibili risultati si "materializza" all'atto della misura con la stessa probabilità e questa non è epistemica ma ontologica, diventa problematico affermare che l'elettrone possieda la proprietà dinamica "spin lungo *z*" prima della misura. Poiché un'entità fisica è definita dalle sue proprietà, anzi "è" le sue proprietà, questa constatazione pone delle difficoltà. Si potrebbe allora immaginare che un sistema fisico, almeno fino a una misura, più che da proprietà sia caratterizzato da possibilità o "propensioni", come le chiamava il filosofo Karl Popper (1902-1994). Una visione in cui risuona l'eco della contrapposizione aristotelica tra potenzialità e attualità.

All'estremo, si potrebbe giungere addirittura a posizioni anti-realiste che ipotizzano che la realtà si manifesti solo all'atto di una misura, da parte di un apparato macroscopico o di un osservatore cosciente. Ritengo tuttavia che il realismo non sia un punto in discussione, poiché il suo abbandono non sarebbe seriamente supportato da alcuna logica. Al contrario, una realtà fisica indipendente dall'osservatore è al contempo il presupposto stesso della scienza e l'oggetto della sua indagine. Per parafrasare una celebre metafora di Einstein, la Luna certamente è lì anche quando nessuno la guarda.

Bisogna osservare che un "lancio della moneta" quantistico può avere effetti diretti al livello macroscopico classico. Consideriamo un apparato di Stern-Gerlach collegato in questo modo: se il risultato di una misura di spin è $\uparrow$ si chiude un interruttore elettrico, che invece rimane aperto se il risultato è $\downarrow$. La chiusura dell'interruttore a sua volta può azionare qualsiasi cosa, come la partenza di un veicolo, lo sbarramento di un accesso, la rottura di una fiala di veleno, tanto per fare degli esempi. Quello che succede nel mondo macroscopico viene così a dipendere da un evento intrinsecamente casuale. Non è neanche detto che sia necessario un apparato appositamente predisposto affinché il caso quantistico faccia sentire la sua voce macroscopicamente, perché quella che chiamiamo "misura" potrebbe essere un insieme (eventualmente molto complesso) di interazioni che si realizza anche in maniera spontanea in natura. Non è difficile del resto immaginare che il decadimento di un atomo radioattivo, poiché avviene in un istante del tutto casuale, possa provocare o meno un evento classico macroscopico con probabilità del 50%.

La causalità, comunque, in meccanica quantistica viene recuperata su base statistica. La distribuzione di probabilità delle grandezze fisiche di un sistema quantistico viene infatti esattamente determinata dalle condizioni fisiche in cui si trova il sistema stesso e codificata nella funzione di stato. Inoltre, fino a una misura la funzione di stato evolve deterministicamente nel tempo. Una peculiare commistione di caso e necessità: la seconda determina il preciso schema cui deve essere sottoposto il primo in una concreta situazione fisica.

Questo comporta però un ulteriore enigma: come fa l'elettrone a "sapere" quante volte deve presentare spin su e quante volte spin giù? Come fa a sapere quante volte deve andare a finire in ciascun punto dello schermo nell'esperimento delle due fenditure? Come fa, a proposito, a sapere quali sono le alternative indipendenti a sua disposizione, quanti sono i possibili valori discreti dello spin o i passaggi aperti grazie alle fenditure?

La funzione di stato riflette un comportamento non locale della natura a livello fondamentale. Come fece osservare Einstein, la probabilità di rilevare la particella è distribuita con continuità in tutti i punti dello schermo di misura, ma a differenza di un'onda è non locale. Quando infatti l'elettrone viene rilevato in maniera discreta in un punto, in tutti gli altri istantaneamente la probabilità deve diventare zero. Evidentemente un effetto non locale: la funzione di stato in un certo punto deve tener conto che l'elettrone viene rilevato in un altro punto, per impedire una doppia o multipla rilevazione.

Le caratteristiche altamente controintuitive della meccanica quantistica sono legate al fatto di considerare la teoria completa, di ritenere cioè che la funzione di stato contenga il massimo delle informazioni che è possibile conoscere sul sistema fisico che descrive. Questo è il credo di Copenaghen, a cui si contrappone il punto di vista di Einstein, convinto assertore del determinismo e della località, oltre che naturalmente del realismo. Non è un caso, se mi si passa il gioco di parole, che un celeberrimo articolo che Einstein pubblicò nel 1935 insieme ai suoi due collaboratori a Princeton, Boris Podolsky (1896-1966) e Nathan Rosen (1909-1995), avesse titolo *Can Quantum-Mechanical Description of Physical Reality be Considered Complete?* ("La descrizione quantistica della realtà fisica può essere considerata completa?").

Einstein riconosce alla meccanica quantistica, alla quale del resto lui stesso ha contribuito, la correttezza scientifica, la perfetta aderenza (esplicativa e predittiva) ai risultati sperimentali, nonché gli eccezionali risultati pratici ottenuti. Opina però che una teoria *che 'l mondo a caso pone* non può essere la verità ultima e per questo mette la meccanica quantistica nel limbo delle teorie incomplete. Alla teoria, secondo Einstein, manca qualcosa, delle "variabili nascoste" che ripristinerebbero il determinismo della fisica classica rendendo così la casualità quantistica solo un fatto epistemico. Come avviene per il risultato del lancio di una moneta macroscopica o per le velocità delle molecole nella teoria cinetica dei gas.

Su questa linea si colloca anche la teoria dell'onda pilota di Bohm, che riprende l'idea di de Broglie. I tentativi di eliminare, a livello teorico, la casualità intrinseca rimangono tuttavia controversi e non privi di punti deboli. Comunque sia, va posto in rilievo che l'ipotesi di incompletezza viene avanzata esclusivamente su base filosofica, non per disaccordo con l'esperimento com'è avvenuto invece per la teoria di Schrödinger in relazione allo spin dell'elettrone.

Da un punto di vista filosofico può apparire sgradevole l'idea di una natura in cui tutto avviene completamente a caso. Sappiamo però che per la casualità quantistica non è così: la probabilità ha uno schema e la sua distribuzione ha una causa. Ogni volta che realizziamo l'esperimento delle due fenditure otteniamo sempre la stessa probabilità per ogni punto dello schermo. La natura a livello fondamentale perciò non è in totale balia del caso; mantiene invece la sua regolarità, sebbene riferita ora alla distribuzione di probabilità.

Non va dimenticato poi che anche in meccanica quantistica permangono le regolarità della natura incarnate dalle leggi di conservazione, nonché quelle che stanno alla base dell'atomismo: l'identità dei costituenti elementari del mondo e le loro proprietà intrinseche non mutano. Gli elettroni, come ogni altra particella, sono tutti uguali tra di loro e hanno sempre la stessa massa, carica e spin.

Visto così, allora, il caso intrinseco della meccanica quantistica non spaventa poi così tanto. Anzi, come gli antichi filosofi avevano intuito, potrebbe essere al contrario una caratteristica desiderabile per evitare l'idea opposta e altrettanto sgradevole di una natura in cui tutto avviene in maniera necessaria, predeterminata fin nei minimi dettagli dall'inizio dei tempi. La via di mezzo è una natura in cui tutto ciò che avviene è frutto del caso e della necessità. A cui si aggiunge una terza componente, il libero arbitrio: una causa prima che al pari del caso sfugge alla necessità, ma che possiede una facoltà che non hanno né la necessità né il caso, quella di poter scegliere.

Entanglement

La natura a livello fondamentale è non locale. Questo è un dato di fatto che la meccanica quantistica ha scoperto e che stavolta viene esplicitamente confermato dall'esperimento: un'ulteriore rivoluzione concettuale.

La non località come abbiamo visto traspare già dal ruolo della funzione di stato per una particella, ma si pone molto più in rilievo nel fenomeno dell'*entanglement* ("ingarbugliamento") che coinvolge due (o più) particelle. Il fenomeno viene analizzato nel citato articolo del 1935 di Einstein-Podolsky-Rosen, ma non con questo nome, che invece fu introdotto subito dopo da Schrödinger sia nella versione tedesca (*Verschänkung*) sia nella traduzione inglese oggi comune nella terminologia scientifica in ogni lingua.

Illustriamo brevemente l'entanglement in una delle sue manifestazioni, quella che coinvolge una legge di conservazione, non nella forma proposta da Einstein ma in quella di David Bohm.

Consideriamo due elettroni liberi che vengono inviati da una sorgente in direzioni opposte. La coppia viene preparata in modo tale che, al momento della partenza, i due elettroni abbiano spin opposto secondo un arbitrario asse orientato z. In altre parole, il momento angolare di spin totale del sistema fisico costituito dai due elettroni ha componente nulla secondo un asse qualunque lungo il quale la si voglia misurare. La legge fisica della conservazione del momento angolare impone allora che questo debba continuare a valere anche dopo che i due elettroni si sono allontanati. Se dopo la partenza in direzioni opposte la coppia di elettroni non subisce interazioni fisiche, allora il momento angolare totale del sistema fisico non può variare e deve rimanere nullo.

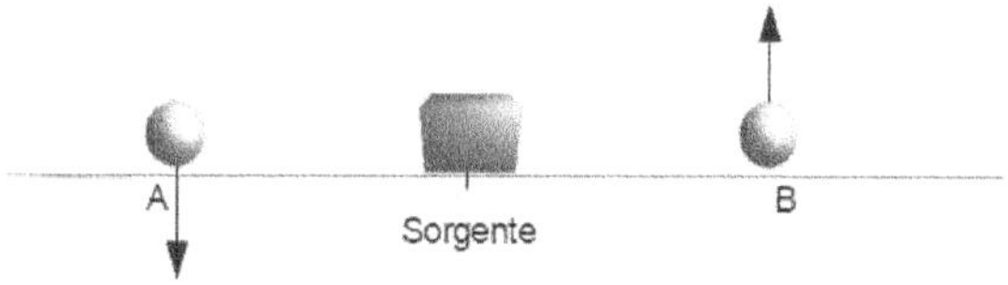

Figura 9.1 Coppia di elettroni *entangled.*

La conseguenza è stupefacente. Supponiamo di misurare con un apparato di Stern-Gerlach (in un punto A) lo spin lungo *z* di uno dei due elettroni; il risultato ottenuto può essere spin su oppure spin giù con il 50% di probabilità. La stessa identica cosa possiamo dire per una misura sull'altro elettrone (in un punto B). I risultati delle due misure sono del tutto casuali, eppure devono essere perfettamente correlate per rispettare la conservazione del momento angolare. Se perciò otteniamo spin giù in A, allora necessariamente otterremo spin su in B e viceversa, anche se le due misure singolarmente sono casuali. Questo, si badi, a prescindere dall'ordine temporale: le due misure nel sistema di riferimento considerato possono indifferentemente essere ese-guite nell'ordine A-B, nell'ordine B-A o anche simultaneamente.

Questa perfetta correlazione quantistica tra i due elettroni è quello che si chiama entanglement.

Una volta eseguita una misura, o anche dopo un'interazione con altri sistemi fisici, l'entanglement viene "rotto" e la correlazione tra i due elettroni svanisce. In effetti, a causa delle inevitabili interazioni con l'ambiente fisico esterno, mantenere l'entanglement di una coppia come quella descritta è un compito non facile.

Ancora una volta, il caso deve sottostare a una necessità superiore della natura, quella delle leggi di conservazione. La grandezza conservata rimane immutabile persino in un contesto di mutamento casuale.

Immaginiamo che i punti A e B siano a distanza molto grande e che la sorgente produca ripetutamente le coppie di elettroni *entangled;* le due misure vengono eseguite ogni volta simultaneamente o comunque entro un brevissimo intervallo di tempo. Uno sperimentatore compila così una lista dei risultati ottenuti misurando in A lo spin dei successivi elettroni che gli arrivano; lo stesso fa l'altro sperimentatore in B. Ognuno di loro trova una successione di risultati casuali. Quando però i due confrontano le loro liste, scoprono che i risultati sono perfettamente correlati, per l'esattezza sempre opposti. Se per esempio uno dei due ottiene la sequenza:

$$\downarrow \uparrow \uparrow \downarrow \downarrow \downarrow \uparrow \uparrow \downarrow$$

l'altro necessariamente ottiene la sequenza:

$$\uparrow \downarrow \downarrow \uparrow \uparrow \uparrow \downarrow \downarrow \uparrow$$

Questo tipo di esperimento è stato eseguito un numero incalcolabile di volte, sempre mostrando una perfetta correlazione.

I due elettroni di ciascuna coppia non possono essersi inviati l'un l'altro l'informazione necessaria per "produrre" risultati opposti. La distanza tra A e B è resa infatti sufficientemente grande da escludere che ogni possibile effetto fisico, la cui velocità massima è *c*, abbia il tempo di propagarsi da una misura all'altra.

Come escludere però che i risultati siano solo in apparenza (ossia solo epistemicamente) casuali mentre invece sono predeterminati da variabili nascoste? Anche questa possibilità è stata esclusa sperimentalmente, grazie a una versione dell'esperimento ideata da John Stewart Bell (1928-1990) nel 1964 ed eseguita per la prima volta da Alain Aspect (1947-) nel 1982, quando l'avanzamento della tecnica aveva reso disponibili i raffinati apparati necessari e con la precisione richiesta.

La conclusione è che la natura è non locale, perché due sequenze di dati casuali possono risultare perfettamente correlate anche se ottenute a grande distanza una dall'altra: l'entanglement è un effetto che non varia minimamente con la distanza. In due punti spazialmente separati viene prodotta la stessa (opposta) informazione da dati casuali in maniera non predeterminata. Persino un'eventuale teoria che presupponga l'incompletezza della meccanica quantistica deve tener conto di questo risultato ed essere pertanto necessariamente una teoria non locale.

Einstein chiamava questo effetto "inquietante azione a distanza". In realtà non c'è nulla che agisce a distanza. Non si tratta della non località affrontata e risolta dalla scienza classica, quella magica azione a distanza che il concetto di campo ha permesso di eliminare. La non località quantistica è una caratteristica reale della natura (e come tale ineliminabile) che però non comporta affatto la trasmissione di effetti fisici istantaneamente o comunque a velocità superluminale. Al pari della casualità, anche questo aspetto della natura è perciò imbrigliato all'interno di precisi confini. Il motivo per cui non è possibile inviare un messaggio superluminale per mezzo dell'entanglement è che il caso non può scegliere.

Pensiamo a un sistema di comunicazione classico fatto in maniera tale che scegliendo nel punto A il valore ↓, nel punto B arriva di conseguenza il valore ↑ (questa inversione del messaggio serve solo per adeguamento all'esempio in corso) e viceversa. Un qualunque messaggio, codificato in binario, può allora essere inviato da A a B, un bit dopo l'altro, per esempio in forma acustica, elettromagnetica o con qualunque altro mezzo fisico. Il messaggio, in quanto effetto fisico, viaggia necessariamente a velocità finita e non maggiore di c, passando fisicamente per tutti i punti che compongono il percorso da A a B. Una coppia entangled invece non può essere utilizzata a questo scopo, perché lo sperimentatore in A non può scegliere il simbolo da inviare: non ha il controllo dei dati a sua disposizione, i quali gli si presentano in maniera casuale.

L'entanglement non contraddice la relatività speciale e non viola la velocità fisica limite. Non c'è alcuna propagazione di un effetto fisico tra le parti di un sistema entangled. Il senso della non località qui è un altro. Le due grandezze correlate delle due parti non sono due fenomeni separati, in qualche modo si tratta di un fenomeno probabilistico unico, pur se avviene in più punti spazialmente separati. In tal senso, fino a che non interviene un'interazione, il sistema fisico entangled va considerato piuttosto come un tutto unico, in cui le parti perdono significato.

Anziché "non località", un nome più adeguato è allora "non separabilità", una forma di olismo. La correlazione tra le misure è esclusivamente una proprietà del sistema, che non può essere in alcun modo ricondotta alle proprietà che ciascuna delle due parti possiede indipendentemente dall'altra, neanche in linea di principio. Si tratta quindi di una proprietà emergente in senso "forte". Questo va nella direzione opposta rispetto all'originaria dottrina filosofica dell'atomismo, che invece è riduzionista: qualsiasi proprietà del tutto deve in ultima analisi essere spiegabile per mezzo delle proprietà delle parti.

L'atomismo incontra il suo limite in questa contrapposizione con l'olismo, che si può vedere anche come contrapposizione con lo strutturalismo. Secondo la concezione strutturalista, infatti, ciò che definisce le parti di un sistema (di qualunque tipo, non solo fisico) non sono proprietà individuali bensì le relazioni che intercorrono tra le parti stesse: è esattamente quello che avviene in un sistema fisico entangled.

L'eredità dell'atomismo

L'umanità ha certamente realizzato il sogno di Democrito di trovare l'atomo. Nel farlo, ha squarciato il velo di un mondo in cui i processi e le proprietà fisiche non sono più determinate né descrivibili in termini spaziali e temporali, in cui esiste uno sconvolgente rapporto tra la parte e il tutto; un mondo in cui diventa problematico individuare il corrispettivo fisico delle entità matematiche che si utilizzano.

Nel farlo, l'umanità ha ottenuto accesso a nuove e impensabili regioni della natura. Il sogno realizzato è allora in realtà quello dei primi filosofi, dei primi che hanno meditato guardando il cielo stellato. Il sogno, cioè, di poter accedere alla conoscenza.

Nella prefazione al libro di David Bohm *Causality and Chance in Modern Physics* ("Causalità e caso nella fisica moderna", 1957), Louis de Broglie ha scritto:

> Questo ci insegna, in effetti, che lo stato corrente della conoscenza è sempre provvisorio e che ci devono essere, oltre ciò che è noto al momento, immense nuove regioni da scoprire.

Crediti delle immagini

1.1 – Artus Wolffort (1581–1641) – I quattro elementi. Pubblico dominio.

1.2 – Democrito nella raffigurazione di Dosso Dossi (1540). Pubblico dominio.

2.1 – I disegni di Galilei della Luna nel Sidereus Nuncius. Pubblico dominio.

2.2 – Moto lineare uniforme e circolare uniforme. Opera dell'autore.

2.3 – Newton come dipinto da William Blake (1795). Pubblico dominio.

2.4 – Momento lineare e momento angolare. Opera dell'autore.

2.5 – La regola della mano destra. Pubblico dominio.

2.6 – Momento angolare orbitale e di spin. Pubblico dominio. Con modifiche dell'autore.

3.1 – John Dalton ritratto da Thomas Phillips (1835). Pubblico dominio.

3.2 – Elementi e composti secondo Dalton. Pubblico dominio.

4.1 – Cariche elettriche positive e negative. Pubblico dominio.

4.2 – Poli magnetici nord e sud di una calamita. Di Geek3 – Opera propria, CC BY-SA 3.0, https://commons.wikimedia.org/w/index.php?curid=10587119.

4.3 – Targa commemorativa delle equazioni di Maxwell al King's College di Londra. Foto dell'autore.

4.4 – Dipolo magnetico di una particella negativa rotante. Opera dell'autore.

4.5 – La forza magnetica. Opera dell'autore.

4.6 – Traiettoria circolare in un campo magnetico. Opera dell'autore.

4.7 – Onda elettromagnetica. Di SuperManu – Self, based on Image: Onde electromagnetique.png, CC BY–SA 3.0, https://commons.wikimedia.org/w/index.php?curid=2107870.

4.8 – Onde. Pubblico dominio. Con modifiche dell'autore.

4.9 – Lo spettro elettromagnetico. Pubblico dominio. Con modifiche dell'autore.

4.10 – L'esperimento di Young. By Stannered – File: Ebohr1.svg, CC BY-SA 3.0, https://commons.wikimedia.org/w/index.php?curid=19054719. Con modifiche dell'autore.

5.1 – La struttura cristallina del cloruro di sodio. Pubblico dominio.

5.2 – Moto browniano. Pubblico dominio.

6.1 – Schema di principio del tubo a raggi catodici. Pubblico dominio. Con modifiche dell'autore.

6.2 – Joseph Thomson. Pubblico dominio.

6.3 – L'esperimento del foglio d'oro. Pubblico dominio.

6.4 – Ernest Rutherford in una foto del 1908. Pubblico dominio.

6.5 – Spettro continuo del corpo nero. Pubblico dominio. Con modifiche dell'autore.

6.6 – Spettro discreto dell'idrogeno nel visibile. Pubblico dominio. Con modifiche dell'autore.

6.7 – La catastrofe ultravioletta. Pubblico dominio. Con modifiche dell'autore.

7.1 – Niels Bohr con Albert Einstein nel 1930. Pubblico dominio.

7.2 – Raggi delle orbite dell'atomo di idrogeno. By JabberWok, CC BY–SA 3.0, https://commons.wikimedia.org/w/index.php?curid=2639910. Con modifiche dell'autore.

7.3 – Livelli energetici dell'atomo di idrogeno. Basata sulla figura 7.4. Con modifiche dell'autore.

7.4 – Transizioni dell'atomo di idrogeno. PNG: w:de:user: Kiko2000; SVG: Cepheiden – SVG–conversion: Eigenes Werk (own work), CC BY–SA 3.0, https://commons.wikimedia.org/w/index.php?curid=6501211. Con modifiche dell'autore.

7.5 – Condizione al contorno per un'onda su una curva chiusa. By CK-12 Foundation – File: High School Chemistry.pdf, page 238, CC BY-SA 3.0, https://commons.wikimedia.org/w/index.php?curid=16483508. Con modifiche dell'autore.

7.6 – L'elettrone nell'atomo come onda stazionaria. Science Publishing Group, CC BY 4.0, http://article.sciencepublishinggroup.com/journal/322/3220981/image009.png.

7.7 – Erwin Schrödinger nell'anno del Nobel (1933). Pubblico dominio.

7.8 – Dispersione del pacchetto d'onde. De la Victor Blacus – Operă proprie, CC BY–SA 3.0, https://commons.wikimedia.org/w/index.php?curid=19511056. Con modifiche dell'autore.

7.9 – L'esperimento della doppia fenditura con elettroni. Di Koantum, svg version by Trutz Behn – Opera propria, CC BY–SA 3.0, https://commons.wikimedia.org/w/index.php?curid=6995484. Con modifiche dell'autore.

7.10 – Figura d'interferenza con elettroni. By user: Belsazar – Provided with kind permission of Dr. Tonomura, CC BY–SA 3.0, https://commons.wikimedia.org/w/index.php?curid=498735. Con modifiche dell'autore.

8.1 – Coordinate cartesiane e sferiche. Pubblico dominio. Con modifiche dell'autore.

8.2 – Forma di alcuni orbitali atomici. Pubblico dominio.

8.3 – Numeri quantici degli stati dell'atomo. Opera dell'autore.

8.4 – Momento angolare orbitale dell'elettrone nell'atomo. Pubblico dominio. Con modifiche dell'autore.

8.5 – L'esperimento di Stern–Gerlach. By Tatoute – Own work, CC BY–SA 4.0, https://commons.wikimedia.org/w/index.php?curid=34095239. Con modifiche dell'autore.

8.6 – Momento angolare di spin dell'elettrone. Pubblico dominio. Con modifiche dell'autore.

8.7 – Numeri quantici degli stati dell'atomo includendo lo spin. Opera dell'autore.

8.8 – Tavola periodica degli elementi. Pubblico dominio. Con modifiche dell'autore.

8.9 – Livelli energetici nell'atomo multielettrone. Pubblico dominio. Con modifiche dell'autore.

8.10 – La regola di Madelung. Opera dell'autore.

8.11 – Tavola periodica e sottogusci. Di Roshan220195 – Wikimedia Commons, CC BY-SA 3.0, https://commons.wikimedia.org/w/index.php?curid=41205515.

9.1 – Coppia di elettroni entangled. Opera dell'autore.

Nella collana MICROSCOPI

1 Colangelo G., Temporelli M., *La banda di via Panisperna*
2 Menasce D., *Diavolo di una particella*
3 Cavazzini M., *Nanouniverso. Megafuturo*
4 Walliser T., Botta C., *Bit Pop Revolution*
5 Aliverti P., *Stampa 3D Stazione futuro*
6 Grandi P., *Pixar Story*
7 Alfieri R., *L'invasione dei Droni*
8 Walliser T., Squassoni F., *War Games*
9 Valotti B., Dalle Donne G., *Marconi*
10 Fini R., *Gli economisti: indovini o scienziati?*
11 Vato A., *Arrivano i cyborg*
12 Canova L., *Pop Economy*
13 Segato E., *Tesla*
14 Temporelli M., *Innovatori*
15 Di Matteo G., *Dialogo tra una lavatrice e un tostapane*
16 Hénin S., *Il computer dimenticato*
17 Orban C., *La società della rete*
18 Palermo V., *La versione di Albert*
19 Orban D., *Singolarità*
20 Canepa C., Canova L., *La scienza dei goal*
21 Greison G., *Dove nasce la nuova fisica*
22 Lucifredi A., *A cosa pensava Darwin?*
23 Battifoglia E., *I robot sono tra noi*
24 Chinnici G., *Turing*
25 Fini R., *Lucciole per lanterne*
26 Palermo V., *Newton, la mela e Dio*
27 Corvi E., *Nuovo Cinema Web*
28 Peres A., Friel M., *FuTurismi*
29 Grassi W., *Storia del caldo e del freddo*
30 Lucifredi A., *Alla scoperta della vita*
31 Hénin S., *Non solo Enigma*
32 Panté M.R., *La scienza delle donne*
33 Viola F., Idone Cassone V., *L'arte del coinvolgimento*

34 Battifoglia E., *Vita sintetica*
35 Rinaldi E., *Einstein & Associati*
36 Chinnici G., *Guarda caso*
37 Bertacchi S., *Geneticamente modificati*
38 Carniel S., *Oceani*
39 Ciardi M., *Marie Curie*
40 Pellegrini D., *Sharing Economy*
41 Temporelli M., Colorni F., Gamucci B., *4 punto 0*
42 Cerasa A., *Diversamente sano*
43 Chinnici G., *La stella danzante*
44 Battifoglia E., *Rita Levi Montalcini*
45 Menasce D., *L'urlo dell'Universo*
46 Grassi W., *Farfalle e uragani*
47 Palumbo V., *L'epopea delle lunatiche*
48 Lucifredi A., *L'eredità di Mendel*
49 Hénin S., *AI*
50 Menzio M.R., *La terza mela*
51 Ciardi M., *Il segreto degli elementi*
52 Cerasa A., Tomaiuolo F., *La scatola magica*
53 Ghisellini G., *Astrofisica per curiosi*
54 Marmo R., Cecato D., *La matematica di Facebook*
55 Mugnos S., *Vulcani*
56 Battifoglia E., Buson E., *Leonardo scienziato*
57-58 Alessandrini P., *Matematica rock*
59 Gavazzi G., Castelli S., *Sostenibilità*
60 Fontanelli G., *La guerra della plastica*
61 Diaspro A., *Quello che gli occhi non vedono*
62 Nazzi F., *In cerca delle api*
63 Meli E., *La dieta della salute*
64 Paganini L., *Il Cosmo*
65 D'Alelio D., *La microgiungla del mare*
66 Grassi W., *Il valore del tempo*
67 Chinnici G., *Il sogno di Democrito*